JN100748

0 ゼロからはじめる SOLIDWORKS

Series② アセンブリモデリング STEP1

株式会社オズクリエイション 著

電気書院

本書は、3 次元 CAD SOLIDWORKS 用の習得用テキストです。

これから 3 次元 CAD をはじめる機械設計者、教育機関関係者、学生の方を対象にしています。

【本書で学べること】

- ◆ アセンブリの基本操作
- ◆ 合致によるアセンブリの作成手法
- ◆ 構成部品のパターン化

等を学んでいただき、SOLIDWORKS を効果的に活用する技能を習得していただけます。

本書では、SOLIDWORKS をうまく使いこなせることを柱として、基本的なテクニックを習得することに重点を置いています。

【本書の特徴】

- ◆ 本書は操作手順を中心に構成されています。
- ◆ 視覚的にわかりやすいように SOLIDWORKS の画像や図解、吹き出し等で操作手順を説明しています。
- ◆ 本書で使用している画面は、SOLIDWORKS2020 を使用する場合に表示されるものです。

【前提条件】

- ◆ 基礎的な機械製図の知識を有していること。
- ◆ Windows の基本操作ができること。
- ◆ 「ゼロからはじめる SOLIDWORKS Series2 アセンブリモデリング入門」を習熟していること。

【寸法について】

- ◆ 図面の投影図、寸法、記号などは本書の目的に沿って作成しています。
- ◆ JIS 機械製図規格に従って作成しています。

【事前準備】

- ◆ 専用 WEB サイトよりダウンロードした CAD データを使用して課題を作成していきます。
- ◆ SOLIDWORKS がインストールされているパソコンを用意してください。

⚠ 本書には、3 次元 CAD SOLIDWORKS のインストーラおよびライセンスは付属しておりません。

本書は、SOLIDWORKS を使用した 3D CAD 入門書です。

本書の一部または全部を著者の書面による許可なく複写・複製することは、その形態を問わず禁じます。

間違いがないよう注意して作成しましたが、万一間違いを発見されました場合は、

ご容赦いただきますと同時に、ご連絡くださいますようお願いいたします。

内容は予告なく変更することがあります。

本書に関する連絡先は以下のとおりです。

 株式会社オズクリエイション

（Technology＋Dream＋Future）Creation＝O's Creation

〒115-0042　東京都北区志茂 1-34-20 日看ビル 3F

TEL：03-6454-4068　FAX：03-6454-4078

メールアドレス：info@osc-inc.co.jp

URL：http://osc-inc.co.jp/

目 次

SOLIDWORKS および SOLIDWORKS に関連する操作は、すべて本書に示す手順に従って行ってください。

下図のように操作する順番は ① クリック のように吹き出しで指示されています。

はマウスの操作を意味しており、クリック、ドラッグ、ダブルクリックなどがあります。

はキーボードによる入力操作を意味しています。

6.2.2 新規フォルダーに追加

既存の合致を新しい {合致} フォルダーに移動する方法を {Model-1} を使用して説明します。

1. Feature Manager デザインツリーの {合致} フォルダーを ▼ 展開し、**新しく作成する合致フォルダーに追加する合致関係を選択**します。Feature Manager デザインツリーの何もないところで 右クリックし、メニューより [新規フォルダーに追加（**F**）] を クリック。

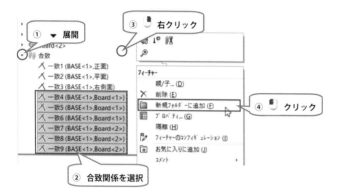

2. 新しい {合致} フォルダーが作成されるので、**任意の名前を** 入力して ENTER を押します。
選択した合致関係は、新しい {合致} フォルダーに**移動**します。

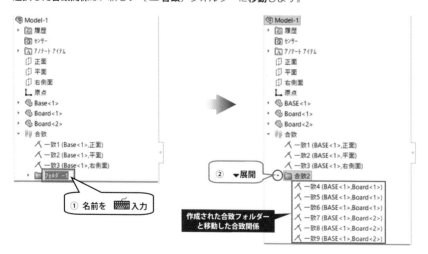

3. [保存]、または [指定保存] をし、[**クローズボックス**] を クリックして閉じます。

本書で使用するアイコン、表記

本書では、下表で示すアイコン、表記で操作方法などを説明します。

アイコン、表記	説　明
POINT	覚えておくと便利なこと、説明の補足事項を詳しく説明しています。
⚠	操作する上で注意していただきたいことを説明します。
参照	関連する項目の参照ページを示します。
🖱 🖱×2 🖱🖱 🖱 🖱	マウスの左ボタンに関するアイコンです。 🖱 はクリック、🖱×2 はダブルクリック、🖱🖱 はゆっくり2回クリック、 🖱 はドラッグ、🖱 はドラッグ状態からのドロップです。
🖱 🖱	マウスの右ボタンに関するアイコンです。 🖱 は右クリック、🖱 は右ドラッグです
🖱 🖱×2 🖱 🖱↓ 🖱↑	マウスの中ボタンに関するアイコンです。 🖱 は中クリック、🖱×2 はダブルクリック、🖱 は中ドラッグです。 🖱↓ 🖱↑ はマウスホイールの回転です。
⌨ ENTER ‖ CTRL ‖ SHIFT ‖ ↑ ‖ F1 ‖ 1 ‖ 1ぬ	キーボードキーのアイコンです。指定されたキーを押します。
SOLIDWORKS は、フランスの……	重要な言葉や文字は太字で表記します。
[**ファイル**] > 📂 [**開く**] を選択して……	アイコンに続いてコマンド名を [ ] に閉じて太字で表記します。 メニューバーのメニュー名も同様に表記します。
{ **Chapter 1** } にある……	フォルダーとファイルは { } に閉じてアイコンと共に表記します。 ファイルの種類によりアイコンは異なります。
『**ようこそ**』ダイアログが表示され……	ダイアログは 『 』に閉じて太字で表記します。
【**フィーチャー**】 タブを 🖱 クリック……	タブ名は 【 】 に閉じて太字で表記します。
《**正面**》 を 🖱 クリック……	ツリーアイテム名は 《 》 に閉じ、アイコンに続いて太字で表記します。
「距離」には< **1 0** >と ⌨ 入力……	数値は< **1 0** >に閉じてキーアイコンまたは太字で表記します。
「**押し出し状態**」より [**ブラインド**] を……	パラメータ名、項目名は 「 」 に閉じて太字で表記します。 リストボックスから選択するオプションは [ ] に閉じて太字で表記します。

SOLIDWORKS データのダウンロード

本書で使用する CAD データを下記の手順にてダウンロードしてください。

1. ブラウザにて WEB サイト「http://www.osc-inc.co.jp/Zero_SW2」へアクセスします。

2. **ユーザー名**<**osuser3**>と**パスワード**<**86Guu453**>を 入力し、 ログイン を クリック。

(※ブラウザにより表示されるウィンドウが異なります。下図は Google Chrome でアクセスしたときに表示されるウィンドウです。)

3. ダウンロード専用ページを表示します。

   ダウンロードする SOLIDWORKS のバージョンの を クリックすると、

   本書で使用するファイル { Series2-step1.ZIP} がダウンロードされます。

4. ダウンロードファイルは、通常 { **ダウンロード**} フォルダーに保存されます。

   圧縮ファイル { **Series2-step1.ZIP**} は**解凍**して使用してください。

   今回は { **デスクトップ**} にダウンロードフォルダーを移動して使用します。

Chapter6

合致の基本

アセンブリモデリングの基本である合致の基本操作や操作のポイントなどを説明します。

最適な合致

合致フォルダー

- ▶ 合致フォルダーとは
- ▶ 新規フォルダーに追加
- ▶ 合致のフォルダー分け

合致の基本操作

- ▶ 合致の追加
- ▶ 合致の編集
- ▶ 合致の抑制
- ▶ 合致の削除
- ▶ 合致で注意すべきポイント
- ▶ エンティティ基準の標準合致タイプ

合致オプション

- ▶ 新規フォルダに追加
- ▶ ポップアップダイアログを表示
- ▶ プレビュー表示
- ▶ 位置付けのみに使用
- ▶ 最初の選択を透明化

6.1 最適な合致

アセンブリで構成部品を合致させる際に、**気を付けておくべきポイントをいくつか紹介**します。

合致の構成

下図の**固定された青色の構成部品に黄色の構成部品を合致させるとき**、どのような**合致構成**にすべきでしょうか。

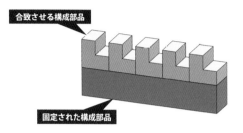

図 A のように、可能な限り固定された構成部品に対して合致を追加してください。

赤い矢印は合致対称の構成部品を指しています。追加する**構成部品間の親子関係**は、**親と子の一世代のみ**です。

（※モデルは、ダウンロードフォルダー｛📂 **Chapter 6**｝＞｛📂 **Optimal Mates**｝にあるアセンブリ｛🗐 **Match composition-1**｝にて確認できます。）

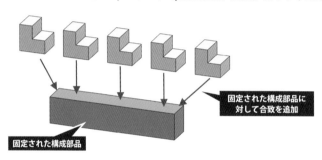

（図 A）

図 B は、合致の親子関係が深くなってしまう悪い例で、**避けるべき合致構成**です。

「**再構築に時間がかかる**」「**パソコンに負荷がかかる**」「**合致エラーが発生しやすい**」など**多くの問題**があります。

（※モデルは、ダウンロードフォルダー｛📂 **Chapter 6**｝＞｛📂 **Optimal Mates**｝にあるアセンブリ｛🗐 **Match composition-2**｝にて確認できます。）

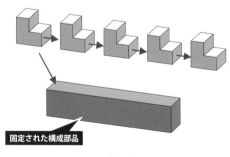

（図 B）

合致のループ

合致をループして作成した場合、「**矛盾した合致**」または「**過剰な合致**」が作成されます。

（※モデルは、ダウンロードフォルダー { Chapter 6 } > { Optimal Mates } にあるアセンブリ { Loop Mates } にて確認できます。）

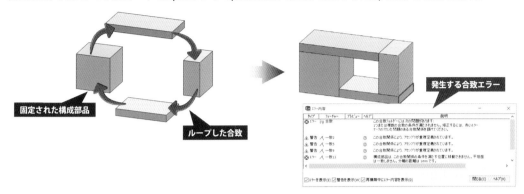

過剰な合致

過剰に合致を追加すると、「**合致の解決に時間がかかる**」「**問題発生時の合致の診断が難しい**」などの**多くの問題**

が発生するので注意してください。

下図では、**黄色の構成部品**に **2 つ**の ⊢⊣ [距離] を追加したことが原因で重複定義エラーが発生します。

合致定義した 2 つの平面間の距離は幾何学的に問題ありませんが、**SOLIDWORKS は矛盾した合致**と判断します。

（※モデルは、ダウンロードフォルダー { Chapter 6 } > { Optimal Mates } にあるアセンブリ { Excessive Mates } にて確認できます。）

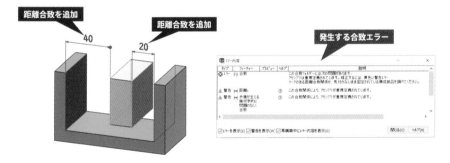

また、**追加しても意味のない合致**があります。

下図では、**既に平行に拘束されている平面間**に ◥ [平行] を追加しています。

矛盾は生じませんが、この合致に存在する意味はありません。

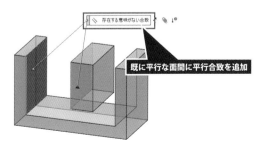

6.2 合致フォルダー

{ 🔘合致} フォルダーの「**概要**」「**作成方法**」「**グループ分けの方法**」について説明します。

6.2.1 合致フォルダーとは

{ 🔘合致} フォルダーの「**場所**」「**名前**」「**表示されるアイコン**」について説明します。

1. ダウンロードフォルダー { 📁 **Chapter 6**} ＞ { 📁 **Model-1**} よりアセンブリ {🔩**Model-1**} を開きます。

Model-1.SLDASM

2. { 🔘合致} フォルダーは、**Feature Manager デザインツリーの最下部**にあります。

   新規アセンブリを作成すると自動的に作成され、**追加した合致関係**（以後は**合致**と表記）は、**アセンブリ内の**
   { 🔘合致} フォルダーと**構成部品内の** {📋合致} フォルダーに**保存**されます。

   合致には、**タイプを示すアイコン、フィーチャー名、関連する構成部品の名前を（ ）に閉じて表示**します。
   下図に赤枠で示す《⋏ **一致 7(BASE<1>Board<2>)**》は、**合致のタイプ**が ⋏ [**一致**]、《🔩 **BASE<1>**》と
   《🔩 **Board <2>**》という構成部品で選択したエンティティにより作成された合致です。

   構成部品内の合致には、⏚ [**接地経路内**] というアイコンが表示されています。

   これは、**アセンブリの原点や固定部品など基準となるものに対して追加した合致に表示**されます。

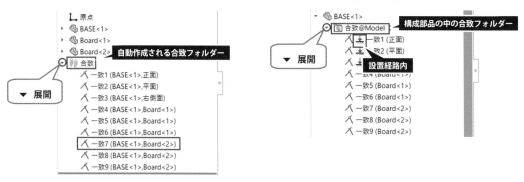

3. **合致フォルダー単位**での「**フィーチャー編集**」「**親子関係の確認**」「**コメントの追加**」「**隔離**」などの操作が
   可能です。これらは { 🔘合致} フォルダーを 🖱右クリックし、**表示されるメニューより実行**できます。

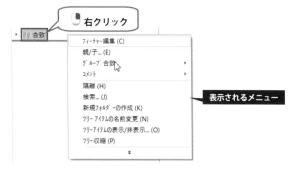

6.2.2 新規フォルダーに追加

既存の合致を新しい { 📁 合致 } フォルダーに移動する方法を { 🔩 Model-1 } を使用して説明します。

1. Feature Manager デザインツリーの { ⚙️ 合致 } フォルダーを ▼ 展開し、**新しく作成する合致フォルダーに
   追加する合致を選択**します。**Feature Manager デザインツリーの何もないところで** 🖱️ 右クリックし、
   メニューより 📁 [**新規フォルダーに追加（F）**] を 🖱️ クリック。

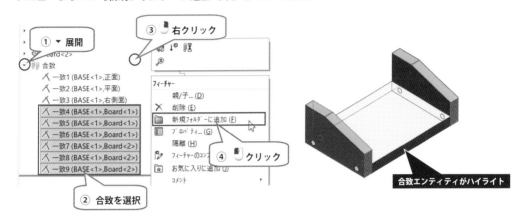

2. 新しい { 📁 合致 } フォルダーが作成されるので、**任意の名前を** ⌨️ 入力して ENTER を押します。
   選択した合致は、新しい { 📁 合致 } フォルダーに**移動**します。

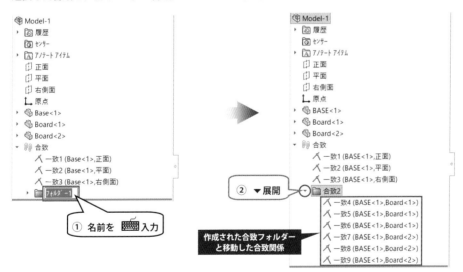

3. 💾 [**保存**] または 💾 [**指定保存**] をし、✖️ [**クローズボックス**] を 🖱️ クリックして閉じます。

6.2.3 **合致のフォルダー分け**

「**グループ合致**」は、{ 🕮 **合致**} フォルダーの合致を**ステータス別**、または**ファスナーをフォルダー分け**します。

（※SOLIDWORKS2019 以降の機能です。）

次のステータス別に合致がグループ化されます。

作成されるフォルダー名	説　明
解決済み	エラーのない合致関係
エラー	エラーが発生している合致関係
重複定義	重複定義の警告がある合致関係
抑制	抑制された合致関係
抑制（不明）	不明な構成部品を参照して抑制された合致関係
非アクティブ（固定）	固定構成部品を参照し、非アクティブな状態の合致関係

グループ分けした合致には、**次の制限**があります。

- 合致関係を別の { 🕮 **ステータス**}、または { 🕮 **ファスナー**} フォルダーに移動できません。
- 合致をグループ化しても合致の解決順序は変更されません。
- { 🕮 **ステータス**} と { 🕮 **ファスナー**} フォルダーに新規フォルダーは作成できません。

1. ダウンロードフォルダー { 📁 **Chapter 6**} > { 📁 **Model-2**} よりアセンブリ { 🧊 **Model-2**} を開きます。

   このアセンブリには「**解決済み**」「**抑制**」「**非アクティブ（固定）**」な合致、「**スマートファスナー**」があります。

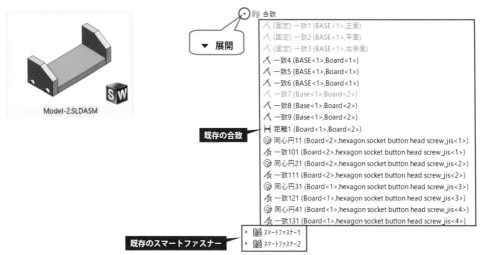

2. { 🕮 **合致**} フォルダーを 🖱 右クリックし、表示されるメニューの［**グループ合致**］＞［**ステータス別（A）**］を 🖱 クリック。

3. {⟨0⟩ 合致}フォルダーを ▼ 展開し、{⟨▦⟩ ステータス}フォルダーに**合致参照が分けられた**ことを確認します。

各フォルダーに含まれている**合致の数**がフォルダー名の右側に**表示**されます。

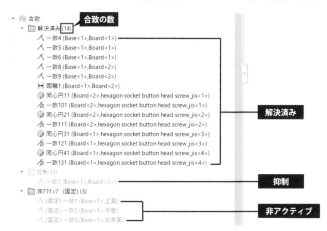

4. {⟨0⟩ 合致} フォルダーを 🖱 右クリックし、表示されるメニューの [**グループ合致**] より
[**ファスナーを分離（B）**] を 🖱 クリック。

(※スマートファスナー構成部品がない場合、［ファスナーを分離（B）］はグレーアウトします。)

5. **Toolbox 構成部品を参照している合致**を {⟨▦⟩ ファスナー} フォルダーに**移動**します。

アセンブリを変更すると、{⟨▦⟩ ステータス} と {⟨▦⟩ ファスナー} フォルダーは**自動更新**されます。

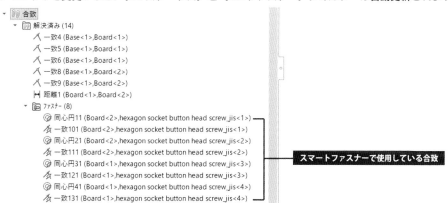

6. 💾 [**保存**] または 💾 [**指定保存**] をし、✕ [**クローズボックス**] を 🖱 クリックして閉じます。

6.3 合致の基本操作

合致の「**追加**」「**編集**」「**抑制**」「**削除**」などの**基本的な合致の操作方法**について説明します。

6.3.1 合致の追加

[**合致**] コマンド、**クイック合致状況依存ツールバー**、**スマート合致**の 3 つの方法があります。

合致コマンドの使用

[**合致**] コマンドを使用した**合致の追加**は、以下の手順で行います。

1. ダウンロードフォルダー {**Chapter 6**} ＞ {**Model-3**} よりアセンブリ {**Model-3**} を開きます。

Model-3.SLDASM

2. このアセンブリには、**固定された**《(固定)Lower boss》と **2 つの未定義の**《(-)Upper boss》と《(-)Bolt》
   があります。**未定義**の構成部品は、左ボタンドラッグで**移動**、右ボタンドラッグで**回転**できます。
   《(-)Upper boss》を**底面が見えるように回転**させておきます。

右ドラッグ

合致操作しやすい位置、角度に調整

3. Command Manager 【**アセンブリ**】 タブより [**合致**] を クリック。

4. Property Manager に「**合致**」の【合致】タブが表示されます。
   ここで「**合致タイプの選択**」「**合致エンティティの選択**」「**各種オプションの設定**」をします。
   [**一致**] や [**同心円**] などの一部の合致は、合致エンティティを選択すると**自動選択**されます。
   下図に示す《(-)Upper boss》と《(固定)Lower boss》の**平らな面**を クリックすると [**一致**]
   が選択され、**自由度のある構成部品が動いて一致する状態**になります。**ポップアップされるツールバー**の
   [**合致の追加／終了**] を クリックすると、**構成部品の面と面が一致**します。

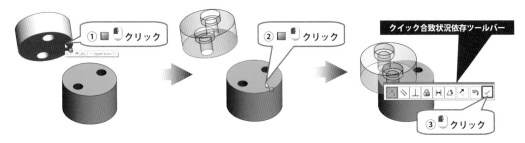

① クリック

② クリック

クイック合致状況依存ツールバー

③ クリック

5. Property Manager または**確認コーナー**の [**OK**] ボタンを クリックして [**合致**] を終了します。

👍 *POINT* **一時的に構成部品の面を非表示**

📎 [**合致**]で**合致エンティティを選択する**際、`ALT` を使用すると**一時的に構成部品の面を非表示**にできます。構成部品の 📦・[**表示スタイル**]は、📦 [**エッジシェイディング**]または 📦 [**シェイディング**]で表示されている必要があります。

構成部品の ◻ **面上に** ⌖ **カーソルを移動**し、`ALT` を押すと**非表示**になります。

一時的に非表示にした面を再表示するには、◼ **面上に** ⌖ **カーソルを移動**して `SHIFT` を押しながら `ALT` を押します。

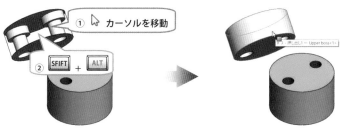

一時的に非表示にしたすべての面を一時的に透明に表示するには、`CTRL` と `SHIFT` を押しながら `ALT` 押したままにします。**キーを離すと透明表示を解除**します。

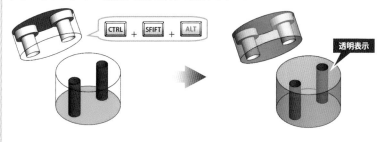

一時的に非表示にしたすべての面を再表示するには、`ESC` を押します。

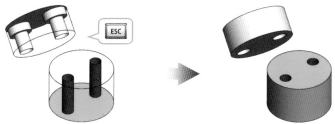

クイック合致状況依存ツールバーから合致追加

グラフィックス領域から**複数の面やエッジなどのエンティティを選択**すると、**クイック合致状況依存ツールバー**が**ポップアップ表示**され、ここから**合致アイコンをクリックして合致を追加**できます。

サポートされる合致タイプには、「**標準合致**」「一部の**詳細設定合致**（ ⚙ ［**輪郭中心**］、⚙ ［**対称**］、⚙ ［**幅**］、⊢⊣ ［**距離制限**］、⚙ ［**角度制限**］）」「一部の**機械的な合致**（ ⚙ ［**カムフォロワー**］、⚙ ［**スロット**］）」があります。（※クイック合致状況依存ツールバーを表示させるには、「**クイック合致の表示**」オプションを**オン**にしておく必要があります。）

クイック合致状況依存ツールバーは、⚙ **カーソルが離れてしまうと消えてしまいます。**

再表示させる場合は、⚙ を押してアイテムを**選択解除**して**再度アイテムを選択**します。

クイック合致状況依存ツールバーで追加した合致は、Property Manager にある ⚙ ［**取り消し**］が使用できません。**メニューバー**［**編集（E）**］> ⚙ ［**取り消し 合致の追加／編集**］を使用してください。

1. クイック合致状況依存ツールバーを使用して ⚙ ［**同心円**］を**追加**します。

   下図に示す《⚙ (-)**Upper boss**》と《⚙ (固定)**Lower boss**》の ▪ **円筒面を選択**すると、**クイック合致状況依存ツールバーがポップアップ表示**されるので ⚙ ［**同心円**］を ⚙ クリック。

   選択した円筒面の軸位置が一致します。

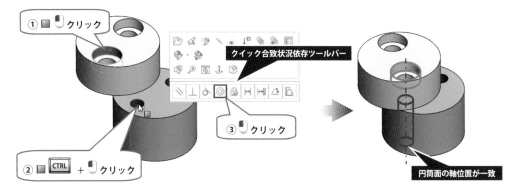

2. もう 1 つの穴のセットも同様の方法で ⚙ ［**同心円**］を**追加**します。

👉 POINT クイック合致機能をアクティブ化

クイック合致機能をアクティブ化するには、「**クイック合致の表示**」オプションを**オン**にしておく必要があります。このオプションは、**デフォルトでオン**になっています。

1. メニューバー［**ツール**］>［**ユーザー定義**］、または**標準ツールバー**の［**ユーザー定義**］を ⚙ クリック。

2. 『**ユーザー定義**』ダイアログの【**ツールバー**】タブが表示されるので、「**状況依存ツールバー**」の「**クイック合致の表示（U）**」をチェック ON（☑）にし、 OK を ⚙ クリック。

状況依存ツールバー
☑ 選択時に表示(O)
　☑ クイック コンフィギュレーション表示(Q)
☑ クイック合致表示(U)　チェック ON ☑
☑ ショートカットメニューに表示(I)

スマート合致

スマート合致は、構成部品のエッジや面をドラッグ＆ドロップして合致を追加する機能です。

同一ウィンドウ、または別ウィンドウに表示された構成部品でスマート合致が使用できます。

選択する**エンティティの種類**と**表示されるポインタの種類**により追加される合致が変わります。

⋏ [**一致**] と ◎ [**同心円**] をスマート合致にて追加してみましょう。

1. 《🔩 (-)Bolt》の ▯ 円形エッジを ALT を押しながら 🖱ドラッグし、《🔩 Upper boss》の ▯ 円形エッジ
   （または ▮ 円筒面）に**移動**します。

   《🔩 (-)Bolt》が**半透明**になり、⫿カーソル横にポインタ 🖱 が表示されるので 🖱ドロップ。

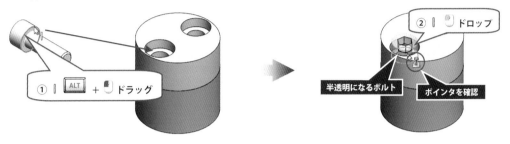

2. ダウンロードフォルダー { 📁 **Chapter 6**} > { 📁 **Model-3**} より部品 {🔩 **Bolt**} を開きます。

   『**FeatureWorks**』ダイアログが表示された場合は、 いいえ(N) を 🖱クリック。

   メニューバー [**ウィンドウ（W）**] > ▥ [**左右に並べて表示（V）**] を 🖱クリックし、ウィンドウを左右に並べて表示します。

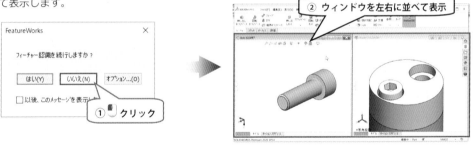

3. 別ウィンドウに表示した {🔩 **Bolt**} の ▯ 円形エッジを 🖱ドラッグし、アセンブリウィンドウに表示した
   《🔩 **Upper boss**》の ▯ 円形エッジ（または ▮ 円筒面）に**移動**して 🖱ドロップ。

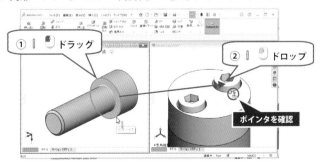

4. 💾 [**保存**] または 💾 [**指定保存**] をし、✕ [**クローズボックス**] を 🖱クリックして閉じます。

スマート合致の「ポインタ」「合致タイプ」「合致するエンティティ」は、下表の通りです。

ポインタ	合致タイプ	合致するエンティティ
	[一致]	2つの 直線エッジ または 2つの 一時的な軸
	[一致]	2つの 平らな面
	[一致]	2つの 頂点
	[同心円]	2つの 円錐面 または 円錐面と 一時的な軸
	[同心円] と [一致]	2つの 円形エッジ
	[同心円] と [一致]	2つのフランジ上の円形パターン（ 円形エッジ）
	[一致]	原点と 座標系

システムオプションでスマート合致の感度を調整できます。（※SOLIDWORKS2014以降の機能です。）

1. 標準ツールバー ⚙ [オプション] を クリック。

   またはメニューバーの [ツール (T)] > ⚙ [オプション (P)] を クリック。

2. 『オプション』ダイアログが表示されるので [パフォーマンス] を クリック。

3. 「アセンブリ」の「スマート合致の感度 (E)」でスライダーバー「 」を左右に ドラッグして速度を調整します。

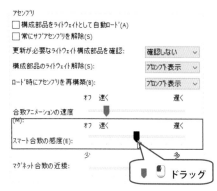

4. OK を クリックしてダイアログを閉じます。

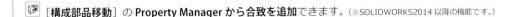

[構成部品移動] の **Property Manager** から合致を追加できます。（※SOLIDWORKS2014 以降の機能です。）

1. Command Manager【**アセンブリ**】タブより [**構成部品移動**] を クリック。

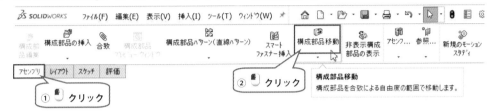

2. 「**移動（M）**」の [**スマート合致（S）**] を クリックして オンにします。

3. **合致を追加する構成部品の合致エンティティを** ×2ダブルクリック。

4. **合致先の構成部品の選択エンティティを** クリックすると、**合致ポップアップツールバー**が表示されます。**合致タイプは自動選択**されますが、変更する場合はアイコンを クリックしてオプションを設定します。 [**合致の追加／終了**] を クリックして確定します。

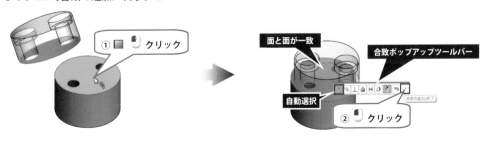

6.3.2 合致の編集

合致の編集は、他のフィーチャーと同様に  ［**フィーチャー編集**］を使用します。

1. ダウンロードフォルダー {📁 **Chapter 6**} > {📁 **Model-4**} よりアセンブリ {🗄**Model-4**} を開きます。
   このアセンブリには、3 つの合致が作成してあります。

Model-4.SLDASM

2. Feature Manager デザインツリーで {🔗**合致**} フォルダーを ▾ 展開し、**既存の 3 つの合致を選択**し、
   コンテキストツールバーより 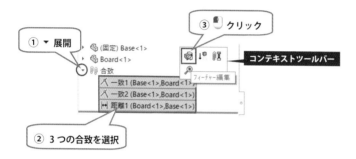 ［**フィーチャー編集**］を 🖱 クリック。

3. Property Manager の「**合致（E）**」に**選択した合致をリスト表示**します。
   合致を複数選択した場合、「**合致（E）**」より「**一致 2**」を 🖱 クリックすると、🔗「**合致エンティティ**」に
   表示するエンティティが切り替わります。
   🔗「**合致エンティティ**」より「**面<3>@Base-1**」を 🖱 クリックすると、グラフィックス領域で**ハイライト**
   します。

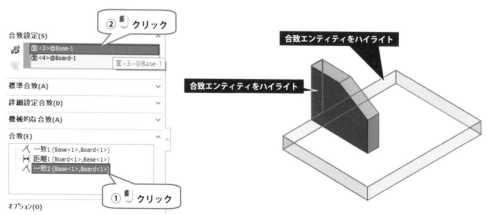

14 Chapter6 **合致の基本**

4. 合致エンティティを**別のエンティティに置き換え**ます。

　「**合致エンティティ**」の「**面<3>@Base-1**」を 右クリックし、メニューより［**削除（B）**］を
　 クリック、または「**面<3>@Base-1**」を選択して <kbd>DEL</kbd> を押します。

5. 「**合致エンティティ**」の「**面<4>@Board-1**」を 右クリックし、メニューより［**削除（B）**］を
　 クリック、または「**面<4>@ Board -1**」を選択して <kbd>DEL</kbd> を押します。

（※**すべてのエンティティを削除する場合**は、右クリックメニューより［**選択解除（A）**］を クリック。）

6. グラフィックス領域より**置き換えるエンティティを選択**（下図に示す 2 つの ■ **平らな面**）します。

　クイック合致状況依存ツールバーの ☑ ［**合致の追加／終了**］を クリック。

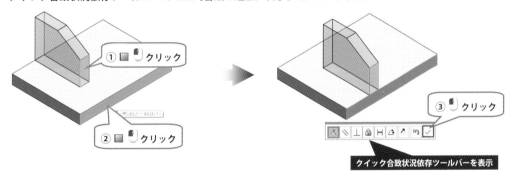

7. **合致タイプを変更**します。

　「**合致（E）**」より「**一致 2**」を クリックし、「**標準合致（A）**」の ⊢⊣ ［**距離**］を クリック。

　距離の入力ボックスがアクティブになるので＜ <kbd>2</kbd> <kbd>0</kbd> <kbd>ENTER</kbd> ＞と 入力します。

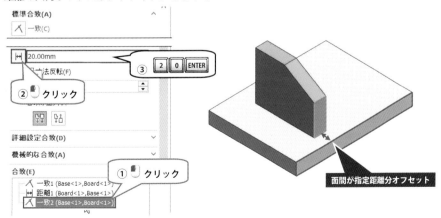

8. Property Manager または**確認コーナー**の ☑ [**OK**] ボタンを 🖱 クリックして確定します。

9. Property Manager または**確認コーナー**の ☑ [**OK**] ボタンを 🖱 クリックして**編集を終了**します。

10. 💾 [**保存**] または 💾 [**指定保存**] をし、☒ [**クローズボックス**] を 🖱 クリックして閉じます。

👍 *POINT* 合致寸法の変更

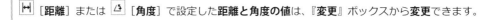 [**距離**] または ◬ [**角度**] で設定した**距離と角度**の値は、『**変更**』ボックスから**変更**できます。

1. Feature Manager デザインツリーの {⑩ **合致**} フォルダーを ▼ 展開し、**寸法値を変更する合致**を 🖱 クリック、または 🖱×2ダブルクリックします。

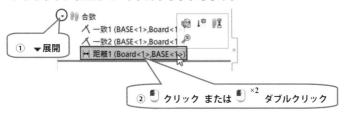

2. グラフィックス領域に**距離寸法または角度寸法が表示**されます。

   ✎ **寸法**を 🖱×2ダブルクリックします。

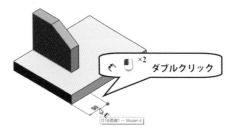

3. 『**変更**』ボックスに**距離**または**角度**を⌨入力し、🖱 [**再構築**]、☑ [**OK**] ボタンを 🖱 クリック。

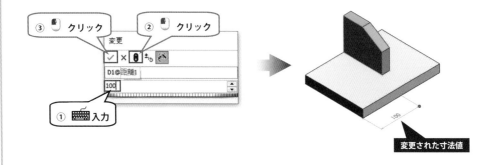

6.3.3 合致の抑制

↓⑩ [抑制] を使用すると、**完全定義した構成部品の重複定義を回避して合致を追加**できます。
これにより、**色々な合致タイプを試すことが可能**です。

アクティブコンフィギュレーションで合致を抑制

アクティブコンフィギュレーションで合致を ↓⑩ [抑制] **する場合**は、下記の手順で行います。

1. ダウンロードフォルダー { **Chapter 6**} > { **Model-5**} よりアセンブリ { **Model-5**} を開きます。
   アセンブリには **2 つのコンフィギュレーション**があり、**アクティブコンフィギュレーション**は《✓ **A**》です。
   ツリーのトップレベルの（ ）の中にアクティブコンフィギュレーションの名前を表示しています。

Model-5.SLDASM

2. Feature Manager デザインツリーの { **合致**} フォルダーを ▼ 展開し、《◎ **同心円 1**》を クリック。
   コンテキストツールバーより ↓⑩ [抑制] を クリック、または**メニューバー** [編集] > [抑制] >
   [当コンフィギュレーション] を クリック。
   （※複数の合致を選択した場合は、まとめて ↓⑩ [抑制] または ↑⑩ [抑制解除] できます。）

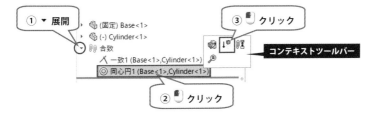

3. 《◎ **同心円 1**》が ↓⑩ [抑制] されたので**構成部品の自由度が増えます**。
   《 **(-)Cylinder**》を ドラッグすると、**一致平面上を移動**できます。

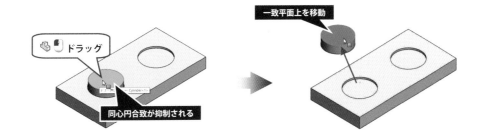

4. 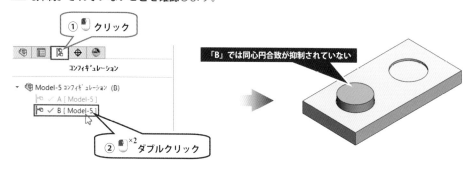 [Configuration Manager] を 🖱 クリックして **Configuration Manager** に切り替えます。

   《 ─ **B**》を 🖱×2 **ダブルクリック**して**アクティブコンフィギュレーション**にし、《◎ **同心円 1**》が

   ↓⁰ [**抑制**] されていないことを確認します。

① 🖱 クリック

コンフィギュレーション

▼ 🌐 Model-5 コンフィギュレーション (B)
  ┃⊗ ✓ A [Model-5]
  ┃⊗ ✓ B [Model-5]

② 🖱×2 ダブルクリック

「B」では同心円合致が抑制されていない

👍 *POINT*
合致のプロパティから抑制／抑制解除

合致のプロパティから ↓⁰ [**抑制**] ／ ↑⁰ [**抑制解除**] の**切り替え**ができます。

1. { 🔗 **合致**} フォルダーより**合致**を 🖱 **右クリック**し、メニューより 📋 [**プロパティ (I)**] を 🖱 クリック。

   ▸ 🌐 (-) Cylinder<1>
   ▾ 🔗 合致
     ⌒ 一致1 (Base<1>,Cylinder<1>)
     ◎ 同心円1 (Base<1>,Cylinder<1>)

   ① 🖱 右クリック

   フィーチャー (同心円1)
   　回転をロック (D)
   　合致整列を反転 (E)
   　親/子... (F)
   ✕ 削除 (G)
   📁 新規フォルダーに追加
   📋 プロパティ... (I)
   　隔離 (J)

   ② 🖱 クリック

2. 『**フィーチャーのプロパティ**』ダイアログが表示されるので、「**抑制 (S)**」をチェック ON（☑）にし、

   [OK] を 🖱 クリック。↑⁰ [**抑制解除**] **する場合**は、「**抑制 (S)**」をチェック OFF（☐）にします。

   フィーチャーのプロパティ　　　　✕
   名前(N):　　同心円1
   注記(D):
   ① チェック ON ☑
   ☑ 抑制(S)　　当コンフィギュレーション
   作成者(C):　　ishii
   作成日時：　　　　　　:11:55
   ② 🖱 クリック
   最終修正：　　　　　　:11:55
   [OK]　キャンセル　ヘルプ(H)

ダイアログから**合致**を  ［抑制］ ／ ［抑制解除］ する**コンフィギュレーションを指定**できます。

1. {⑩**合致**} フォルダーより 《ペ **一致1**》 を クリックして選択します。

　　　▾ ⑩ 合致
　　　　　ペ 一致1 (Base<1>,Cylinder<1>) ──── 🖱 **クリック**
　　　　　◎ 同心円1 (Base<1>,Cylinder<1>)

2. **メニューバー** ［編集（E）］ ＞ ［抑制（S）］ ＞ ［指定のコンフィギュレーション（S）］ を クリック。

　　 ［抑制解除］ **する場合**は、［編集（E）］ ＞ ［抑制解除（U）］ ＞ ［指定のコンフィギュレーション（S）］ を

　　 クリック。（※すべてのコンフィギュレーションの合致を ［抑制］ する場合は、［全コンフィギュレーション（A）］ を クリック。）

3. 『**Model-5（アセンブリ名）**』ダイアログが表示されます。

　　リストから ［**抑制**］ **する**コンフィギュレーション「**B**」を クリックして選択します。

　　● すべて選択(E) は、**リストのすべてのコンフィギュレーションを選択**します。

　　● 選択アイテムのリセット(R) は、**選択されたコンフィギュレーションをリセット**します。

　　OK を クリックすると、**コンフィギュレーション「B」の《ペ 一致1》**が ［**抑制**］されます。

　　《🖑 (-)Cylinder》 を **ドラッグ**すると、**軸を一致したまま上下に移動**できます。

　　（※［**全コンフィギュレーション（A）**］を選択した場合は、**すべてのコンフィギュレーションの合致**が ［抑制］ ／ ［抑制解除］ されます。）

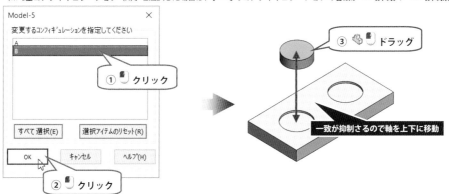

4. 💾 ［**保存**］ または 🖫 ［**指定保存**］ をし、✕ ［**クローズボックス**］ を クリックして閉じます。

合致もフィーチャーやスケッチ等と同様に ☒ ［**削除**］または ▭ を使用して**削除**できます。
アセンブリの**すべてのコンフィギュレーションで合致が削除**されます。

1. ダウンロードフォルダー｛▧ **Chapter 6**｝＞｛▧ **Model-6**｝よりアセンブリ｛🗂 **Model-6**｝を開きます。

    アセンブリには**2 つのコンフィギュレーション**があり、**アクティブコンフィギュレーション**は《✓ **A**》です。

Model-6.SLDASM

2. Feature Manager デザインツリーの｛🗂 **合致**｝フォルダーを ▾ **展開**し、《⅄ **一致 1**》を 🖱 クリックして
    選択します。この合致は、**2 つのコンフィギュレーション**で ⬆ ［**抑制解除**］されています。

3. 次のいずれかを操作します。

    ● Feature Manager デザインツリーで 🖱 右クリックし、メニューより ☒ ［**削除（F）**］を 🖱 クリック。

    ● ▭ を押す。

    ● メニューバー［**編集（E）**］＞ ☒ ［**削除（D）**］を 🖱 クリック。

4. 『**削除確認**』ダイアログが表示されます。

    ［**はい(Y)**］を 🖱 クリックすると、**すべてのコンフィギュレーション**にある《⅄ **一致 1**》が**削除**されます。

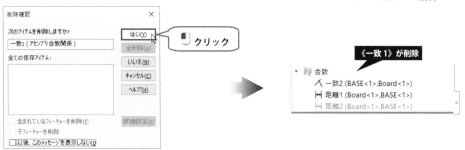

5. 🗂 ［**Configuration Manager**］に切り替え、《▭ **B**》を 🖱×2 ダブルクリック。

    《⅄ **一致 1**》が**削除されていることを確認**します。

6. 💾 ［**保存**］または 💾 ［**指定保存**］をし、☒ ［**クローズボックス**］を 🖱 クリックして閉じます。

6.3.5 合致で注意すべきポイント

合致操作における、**注意すべきポイントをいくつか紹介**します。

自由度を確認する

構成部品に**自由度が残っているか確認**するには、**グラフィックス領域の構成部品をドラッグする**、または
Feature Manager デザインツリーの記号で判断します。

グラフィックス領域で**構成部品を** ドラッグして**動けば未定義**、**動かなければ完全定義や固定された状態**です。
構成部品が動かない場合、「選択された構成部品は完全定義されています。移動できません。」または、
「選択された構成部品は固定されています。移動できません。」とメッセージが表示されます。

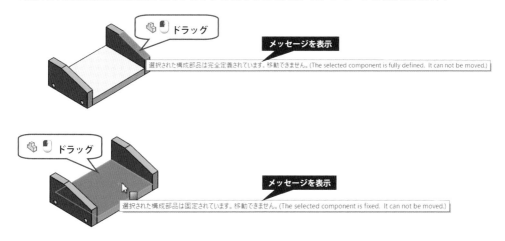

構成部品が未定義の場合、Feature Manager デザインツリーに**（-）が表示**されます。
考え方は**スケッチの状態**と同じなので、**構成部品の状態は常に把握**しておきましょう。

- ▸ 🧊 (固定) Base<1>
- ▸ 🧊 Board<1>
- ▸ 🧊 (-) Board<2>
- ▸ 🔗 合致 未定義状態の記号

 アセンブリ入門 👍 *POINT* 構成部品の自由度 (P27)

 アセンブリ入門 2.2.2 構成部品の状態 (P12)

正しい位置に配置させる

合致を追加する前に、構成部品を**見やすい位置と方向に配置**します。

これにより、合致を追加した際の**方向や寸法の反転などを防止**します。

 アセンブリ入門 2.3 構成部品の挿入 (P16)

合致エラーが発生した場合

合致エラーが発生した場合、その時点で**合致エラーの修正**、または**合致を削除**してください。

新しく合致を追加しても合致エラーは解消されません。

エラーのタイプや**説明**は、『**エラー内容**』ダイアログで確認できます。

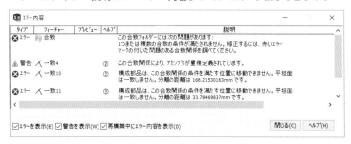

制限合致の使用について

詳細設定合致の制限合致（ ⊞ ［距離制限］と ◹ ［角度制限］）は、ほかの合致と比較して**解決に時間がかかり**
ます。よって**多くの制限合致を使用**すると、「**再構築に時間がかかる**」「**パソコンに負荷がかかる**」などの問題が
発生する可能性があるので注意してください。

構成部品に問題がある場合

挿入した構成部品に問題があって正しく合致を追加できない場合、合致を個別に診断するよりも**一度すべて削除**
して追加しなおす方が簡単です。

可動しない構成部品は完全定義させる

可動しない構成部品は、できるだけ**完全定義**させてください。

構成部品間で自由度が多く残っていると、「**解決に時間がかかる**」「**構成部品をドラッグして移動した際にエラー**
が発生する」などの問題が発生する可能性があるので注意してください。

参照 アセンブリ入門　2.2.2　構成部品の状態 (P12)

合致で選択する**合致エンティティの組み合わせ**により、**標準で選択される合致タイプが決定**します。

下表に**合致エンティティの組み合わせで選択される合致タイプ**を示します。

合致エンティティ	合致エンティティ	合致タイプ
‖ ライン ※1	‖ 円形・円弧エッジ	◎ [同心円]
	▢ 円錐面	⊿ [角度]、◎ [同心円]、╲ [平行]、⊥ [垂直]
	▢ 円筒面	⊿ [角度]、⋏ [一致]、◎ [同心円]、⊢⊣ [距離]、╲ [平行] ⊥ [垂直]、ᘯ [正接]
	▢ 押し出し ※2	⊿ [角度]、╲ [平行]、⊥ [垂直]
	‖ ライン ※1	⊿ [角度]、⋏ [一致]、⊢⊣ [距離]、╲ [平行]、⊥ [垂直]
	▱ 参照平面	⋏ [一致]、⊢⊣ [距離]、╲ [平行]、⊥ [垂直]
	● 点	⋏ [一致]、⊢⊣ [距離]
	▢ 球面	◎ [同心円]、⊢⊣ [距離]、ᘯ [正接]
‖ 円形・円弧エッジ	‖ 円形・円弧エッジ	◎ [同心円]
	▢ 円錐面	⋏ [一致]、◎ [同心円]
	▢ 円筒面	◎ [同心円]、⋏ [一致]
	‖ ライン ※1	◎ [同心円]
	▱ 参照平面	⋏ [一致]
▢ 円錐面	‖ 円形・円弧エッジ	⋏ [一致]、◎ [同心円]
	▢ 円錐面	⊿ [角度]、⋏ [一致]、◎ [同心円]、⊢⊣ [距離]、╲ [平行] ⊥ [垂直]
	▢ 円筒面	⊿ [角度]、◎ [同心円]、╲ [平行]、⊥ [垂直]
	▢ 押し出し ※2	ᘯ [正接]
	‖ ライン ※1	⊿ [角度]、◎ [同心円]、╲ [平行]、⊥ [垂直]
	▱ 参照平面	ᘯ [正接]
	● 点	⋏ [一致]、◎ [同心円]
	▢ 球面	ᘯ [正接]
▢ 円筒面	‖ 円形・円弧エッジ	◎ [同心円]、⋏ [一致]
	▢ 円錐面	⊿ [角度]、◎ [同心円]、╲ [平行]、⊥ [垂直]
	▢ 円筒面	⊿ [角度]、◎ [同心円]、⊢⊣ [距離]、╲ [平行]、⊥ [垂直] ᘯ [正接]
	▢ 押し出し ※2	⊿ [角度]、╲ [平行]、⊥ [垂直]、ᘯ [正接]
	‖ ライン ※1	⊿ [角度]、⋏ [一致]、◎ [同心円]、⊢⊣ [距離]、╲ [平行] ⊥ [垂直]、ᘯ [正接]
	▱ 参照平面	⊿ [角度]、ᘯ [正接]
	● 点	⋏ [一致]、◎ [同心円]、⊢⊣ [距離]
	▢ 球面	◎ [同心円]、ᘯ [正接]
	▢ サーフェス	⋏ [一致]、⊥ [垂直]、ᘯ [正接]

合致エンティティ	合致エンティティ	合致タイプ
■押し出し ※2	■円錐面	[角度]、[平行]、[垂直]
	■円筒面	[角度]、[平行]、[垂直]、[正接]
	▮押し出し ※2	[角度]、[平行]、[垂直]
	▮ライン ※1	[角度]、[平行]、[垂直]
	▦参照平面	[正接]
	●点	[一致]
▮カーブ	●点	[一致]、[距離]
▮直線エッジ	■サーフェス	[一致]、[垂直]、[正接]
▦参照平面	▮円形・円弧エッジ	[一致]
	■円錐面	[正接]
	■円筒面	[距離]、[正接]
	■押し出し ※2	[正接]
	▮ライン ※1	[一致]、[距離]、[平行]、[垂直]
	▦参照平面	[角度]、[一致]、[距離]、[平行]、[垂直]
	●点	[一致]、[距離]
	■球面	[距離]、[正接]
	■サーフェス	[正接]
●点	■円錐面	[一致]、[同心円]
	▮カーブ	[一致]、[距離]
	■円筒面	[一致]、[同心円]、[正接]
	■押し出し ※2	[一致]
	▮ライン ※1	[一致]、[距離]
	▦参照平面	[一致]、[距離]
	●点	[一致]、[距離]
	■球面	[一致]、[同心円]、[距離]
	■サーフェス	[一致]
■球面	■円錐面	[正接]
	■円筒面	[同心円]、[正接]
	▮ライン ※1	[同心円]、[距離]、[正接]
	▦参照平面	[距離]、[正接]
	●点	[一致]、[同心円]、[距離]
	■球面	[同心円]、[距離]、[正接]
■サーフェス	■円錐面	[一致]、[垂直]、[正接]
	■円筒面	[一致]、[垂直]、[正接]
	▦参照平面	[正接]
	●点	[一致]
	▮直線エッジ	[一致]、[垂直]、[正接]

※1 ▮直線エッジまたはスケッチの ▮直線エンティティを示します。

※2 押し出されたソリッドボディまたサーフェスボディの ■単一面を示します。抜き勾配オプションを使用した面はサポートされていません。

6.4 合致オプション

Property Manager にある「**オプション（O）**」の各オプションについて説明します。
すべての**合致のタイプ共通の設定**です。

6.4.1 新規フォルダに追加

「**新規フォルダに追加（L）**」を**オン**にすると、**新しい合致**は、{ 📖 **合致**} フォルダーの中に作成される**新しい
フォルダーに作成**されます。**新しいフォルダーを削除**すると、**合致**は { 📖 **合致**} フォルダーに**移動**します。

（※オプションのオン／オフは、SOLIDWORKS 再起動後も継続します。）

1. ダウンロードフォルダー { 📁 **Chapter 6**} > { 📁 **Model-7**} よりアセンブリ { 🎁 **Model-7**} を開きます。
   アセンブリには **2 つのコンフィギュレーション**があり、**アクティブコンフィギュレーション**は《✓ **A**》です。

Model-7.SLDASM

2. Command Manager【**アセンブリ**】タブより 🔗 [**合致**] を 🖱 クリック。

3. Property Manager にある「**オプション（O）**」の「**新規フォルダに追加（L）**」をチェック ON（☑）にし、
   ほかのオプションは、すべてチェック OFF（☐）にします。

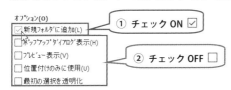

4. 下図に示す《🎁 **(-)Arm-1**》と《🎁 **(固定)Base**》の ■ **平らな面**を 🖱 クリックし、✓ [**OK**] ボタンを
   🖱 クリック。**隠れている面**は ⌨ALT を使用して**面を一時的に非表示して選択**する、または 🔲 [**順次選択**]
   を使用します。**ショートカットツールバー**は ⌨D を押すと表示されます。

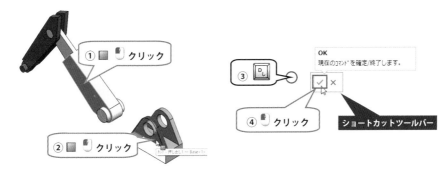

参照 ▶ 👍 *POINT* 合致選択時の面の一時的な非表示 (P9)

参照 ▶ アセンブリ入門　2.4.5 順次選択により合致アイテムを選択する (P33)

5. Property Manager または**確認コーナー**の ☑ [**OK**] ボタンを 🖱 クリック。

   構成部品が合致を満たす位置へ移動します。

6. Feature Manager デザインツリーの {🔗 **合致**} フォルダーを ▼ **展開**し、{📁 **フォルダー1**} が作成された
   ことを確認します。**新しい合致《 ⊼ 一致 2》**は、{📁 **フォルダー1**} に作成されます。

6.4.2 ポップアップダイアログを表示

「**ポップアップダイアログ表示（H）**」を**オン**にすると、**標準合致を追加するときにポップアップツールバーを
グラフィックス領域に表示**します。このツールバーを**クイック合致状況依存ツールバー**といいます。
ここで**合致のタイプの確認や変更**、↗ [**合致整列の反転**]、🔙 [**取り消し**]、**方向の反転**などを実行できます。
（※オプションのオン／オフは、SOLIDWORKS 再起動後も継続します。）

↔ [**距離**] または △ [**角度**] を**選択**すると、🔄 [**寸法反転**] と**数値入力ボックス**が表示されます。
{ 📄 **Model-7**} の {🔩 **Model-7**} を使用して説明します。

1. Command Manager【**アセンブリ**】タブより 📎 [**合致**] を 🖱 クリック。

2. Property Manager にある「**オプション（O）**」の「**ポップアップダイアログ表示（H）**」をチェック ON（☑）
   にし、「**新規フォルダに追加（L）**」をチェック OFF（☐）にします。

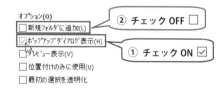

3. 下図に示す《🔩 (-)Arm-1》と《🔩 (固定)Base》の ▢ 円筒面を 🖱 クリックすると、
   クイック合致状況依存ツールバーをポップアップ表示します。

   ☑ [**合致の追加／終了**] を 🖱 クリック。

4. Property Manager または**確認コーナー**の ☑ [**OK**] ボタンを 🖱 クリック。
   構成部品が合致を満たす位置へ移動します。

6.4.3 プレビュー表示

「**プレビュー表示（V）**」を**オン**にすると、合致を構成するのに十分な合致エンティティが選択された時点で、**構成部品が合致を満たす位置へ移動**（これを**プレビュー表示**）します。

オフにした場合、合致エンティティを選択した際にプレビュー表示されません。

（※オプションのオン／オフは、SOLIDWORKS 再起動後も継続します。）

{ 🗋 **Model-7**} の {🍱 **Model-7**} を使用して説明します。

1. Command Manager【**アセンブリ**】タブより 📎 ［**合致**］を 🖱 クリック。

2. Property Manager にある「**オプション（O）**」の「**プレビュー表示（V）**」をチェック ON（☑）にします。

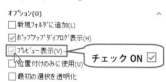

3. 下図に示す《🍱 (-)Arm-1》と《🍱 (固定)Base》の ■**平らな面**を 🖱 クリックすると、**構成部品が合致を満たす位置へ移動**します。

   クイック合致状況依存ツールバーの ☑ ［**合致の追加／終了**］を 🖱 クリック。

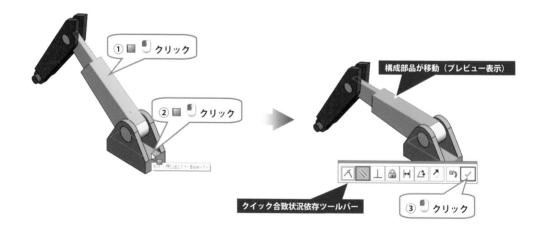

4. Property Manager または**確認コーナー**の ☑ ［**OK**］ボタンを 🖱 クリック。

「**位置付けのみに使用（U）**」は、**構成部品を位置決めのみで合致を追加したくないとき**に使用します。

合致操作を確定しても、{ 🖇 **合致**} フォルダーに合致は追加されません。

アセンブリで**構成部品の位置を整える際など**に**有効**です。

（※オプションをオンにして合致操作を終了した場合、新しい合致操作でオプションはオフになります。）

{ 📄 **Model-7**} の {🗇 **Model-7**} を使用して説明します。

1. Command Manager【**アセンブリ**】タブより 🖇 ［**合致**］を 🖱 クリック。

2. Property Manager にある「**オプション（O**)」の「**位置付けのみに使用（U）**」をチェック ON（☑）にします。

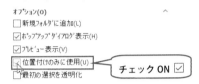

3. 下図に示す《🗇 **(-)Arm-2**》と《🗇 **Arm-1**》の ▯ 直線エッジを 🖱 クリックすると、**構成部品が合致を満たす位置へ移動**します。**クイック合致状況依存ツールバー**の ☑ ［**合致の追加／終了**］を 🖱 クリック。

4. Property Manager または**確認コーナー**の ☑ ［**OK**］ボタンを 🖱 クリック。

5. Feature Manager デザインツリーの {🖇 **合致**} フォルダーを ▾ 展開し、**合致が作成されていないこと**を**確認**します。《🗇 **(-)Arm-2**》は 🖱 ドラッグすると**移動**できます。

参照　アセンブリ入門　2.8.2 位置決めのみに合致を使用する (P61)

「**最初の選択を透明化**」は、合致エンティティの選択で**最初に選択した構成部品を透明に表示**します。

これにより、**2番目の構成部品の選択が容易**になります。2番目の構成部品が選択しにくい場合に有効です。

（※SOLIDWORKS2016以降の機能です。）

{ **Model-7**} の {**Model-7**} を使用して説明します。

1. Command Manager【**アセンブリ**】タブより [**合致**] を クリック。

2. Property Manager にある「**オプション（O）**」の「**最初の選択を透明化**」をチェックON（☑）にします。

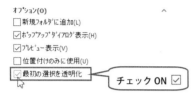

3. 下図に示す《**(-)Arm-2**》の 直線エッジを クリックすると、**構成部品が透明に表示**されます。

   《**Arm-1**》の 直線エッジを クリックし、**クイック合致状況依存ツールバー**の [**合致の追加／終了**] を クリック。

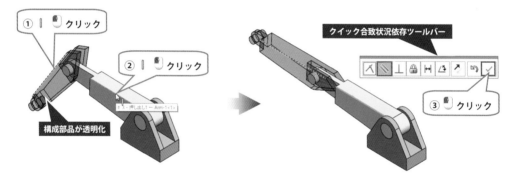

4. **構成部品の透明化が解除**されます。

   Property Manager または**確認コーナー**の [**OK**] ボタンを クリック。

5. [**保存**] または [**指定保存**] をし、 [**クローズボックス**] を クリックして閉じます。

Chapter7

標準合致

ダウンロードした CAD データを使用し、各種標準合致の追加方法などを説明します。

標準合致のタイプ

一致合致

- ▶ 一致合致の組み合わせ
- ▶ 一致合致の追加（直線 x 点）
- ▶ 一致合致の追加（直線 x 押し出し）
- ▶ 一致合致の追加（直線 x 円筒面）

平行合致

- ▶ 平行合致の組み合わせ
- ▶ 平行合致の追加（押し出し x 押し出し）
- ▶ 平行合致の追加（円筒面 x 円筒面）

垂直合致

- ▶ 垂直合致の組み合わせ
- ▶ 垂直合致の追加（押し出し x 押し出し）
- ▶ 垂直合致の追加（円筒面 x 円筒面）

正接合致

- ▶ 正接合致の組み合わせ
- ▶ 正接合致の追加（押し出し x 円筒面）
- ▶ 正接合致の追加（球面 x 押し出し）

同心円合致

- ▶ 同心円合致の組み合わせ
- ▶ 同心円合致の追加（円エンティティ x 円筒面）
- ▶ 同心円合致の追加（球面 x 円筒面）
- ▶ 同心円の不整列を許容
- ▶ 回転をロック

ロック合致

- ▶ ロック合致の追加

距離合致

- ▶ 距離合致の組み合わせ
- ▶ 距離合致の追加（平面 x 平面）
- ▶ 距離合致の追加（円錐面 x 円錐面）

角度合致

- ▶ 角度合致の組み合わせ
- ▶ 角度合致の追加（平面 x 平面）
- ▶ 角度合致の追加（円筒面 x 円筒面）

7.1 標準合致のタイプ

標準合致のタイプには、下表のものがあります。

タイプ	説　明	定義例
⋏ [一致]	‖ **直線エッジ**や ■ **平らな面**などの選択した**エンティティ**の位置を**一致**させます。	
⬚ [平行]	‖ **直線エッジ**や ■ **平らな面**などの選択した**エンティティ**を**平行**にします。	
⊥ [垂直]	■ **平らな面**と ■ **平らな面**、‖ **直線エッジ**と ‖ **直線エッジ**などの選択した**エンティティ**間を**垂直**にします。	
⌀ [正接]	■ **平らな面**と ■ **円筒面**、■ **平らな面**と ■ **球面**などの選択した**エンティティ**間を**正接**にします。	
◎ [同心円]	‖ **円エッジ**や ■ **円筒面**の ⟋ **軸**の位置を**一致**させます。	
🔒 [ロック]	**2つの構成部品の位置と方向を維持**し、これらの構成部品**を相対的に完全定義**します。	複数の構成部品を固定
⊢⊣ [距離]	■ **平らな面**と ■ **平らな面**、‖ **直線エッジ**と ‖ **直線エッジ**などの選択した**エンティティ**間の**オフセット距離を設定**して配置します。	正面 エンティティ間の距離を設定
⊿ [角度]	■ **平らな面**と ■ **平らな面**、‖ **直線エッジ**と ‖ **直線エッジ**などの選択した**エンティティ**間の**角度を設定**して配置します。	エンティティ間の角度を設定

7.2 一致合致

 [一致] は、**選択した合致エンティティの位置を一致するように構成部品を配置**します。

7.2.1 一致合致の組み合わせ

 [一致] は、下表のエンティティの組み合わせで追加できます。

タイプ	直線 ※1	円形 ※2	点	カーブ ※3	参照平面	押し出し ※4	円筒面	円錐面 ※5	球面	サーフェス	座標系／原点
直線	✓		✓		✓		✓				
円形		✓	✓		✓		✓	✓			
点	✓	✓	✓	✓	✓	✓	✓	✓	✓	✓	
カーブ			✓								
参照平面	✓	✓			✓						
押し出し			✓								
円筒面	✓		✓								
円錐面		✓	✓						✓		
球面			✓								
サーフェス			✓								
座標系／原点											✓

※1 ▮直線エッジまたはスケッチの ▮直線エンティティを示します。

※2 ▮円形エッジまたはスケッチの ○円エンティティを示します。

※3 ○円弧や ∿スプラインのような単一のエンティティカーブを示します。

※4 押し出されたソリッドボディまたはサーフェスボディの ▦単一面を示します。抜き勾配オプションを使用した面はサポートされていません。

※5 二つの円錐で合致を追加する場合、同じ半角度を使用する必要があります。

7.2.2 一致合致の追加（直線 x 点）

サンプルのアセンブリを使用し、**直線と点の組み合わせ**で  [一致] を**追加**します。

1. ダウンロードフォルダー {📁 **Chapter 7**} > {📁 **Standard Mates-1**} より

   アセンブリファイル {🗂 **Coincident Mate-1**} を開きます。《🗂 **(-)Block-1**》とアセンブリ内に作成した

   スケッチ（直線）があります。《🗂 **(-)Block-1**》に作成された**点エンティティを直線に一致**させます。

Coincident Mate-1.SLDASM

2. Command Manager 【**アセンブリ**】タブより 📎 [**合致**] を 🖱 クリック。

3. Property Manager に「 📎 **合致**」の【**合致**】タブが表示されます。

   下図に示す《 📎 **(-)Block-1**》の ● **点エンティティ**とアセンブリ内の ∥ **直線**を 🖱 クリック。

   《 📎 **(-)Block-1**》が**移動**し、**選択した** ● **点と** ∥ **直線の位置が一致**します。

   ポップアップ表示される**クイック合致状況依存ツールバー**で ⟨ [**一致**] が**自動的に選択**されます。

   ☑ [**合致の追加／終了**] を 🖱 クリックして**確定**します。

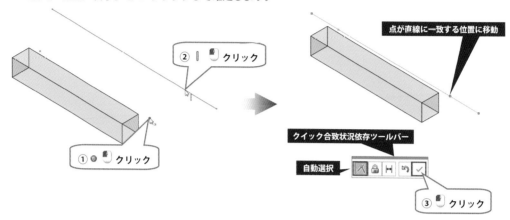

4. 《 📎 **(-)Block-1**》を 🖱 **ドラッグ**して**移動**し、● **点と** ∥ **直線の一致を保持**することを**確認**します。

5. もう１つの ● **点**も同様の方法で ∥ **直線**に**一致**させます。

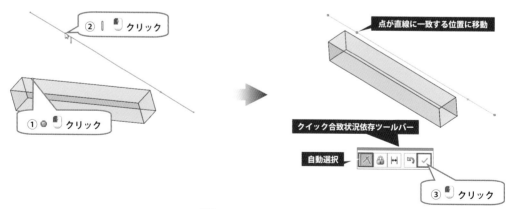

6. Property Manager または**確認コーナー**の ☑ [**OK**] ボタンを 🖱 クリックして 📎 [**合致**] を終了します。

7. 💾 [**保存**] にて**上書き保存**し、☒ [**クローズボックス**] を 🖱 クリックして閉じます。

7.2.3 一致合致の追加（直線x押し出し）

サンプルのアセンブリを使用し、**直線と押し出し（平面）および参照平面の組み合わせ**で ⟨⟩ [一致] を追加します。

1. ダウンロードフォルダー { ▤ **Chapter 7**} > { ▤ **Standard Mates-1**} より
   アセンブリファイル { ◈ **Coincident Mate-2**} を開きます。
   《◈ (-)Block-2》とアセンブリ内に作成したスケッチ（直線）があります。
   《◈ (-)Block-2》の**平らな面と直線**、《◈ (-)Block-2》の**参照平面と直線を一致**させます。

Coincident Mate-2.SLDASM

2. Command Manager【アセンブリ】タブより ◈ [合致] を 🖱 クリック。

3. Property Manager に「◈ **合致**」の【合致】タブが表示されます。
   下図に示す《◈ (-)Block-2》の ▣ **平らな面**とアセンブリ内の ∣ **直線**を 🖱 クリック。
   《◈ (-)Block-2》が**移動**し、選択した ▣ **平らな面**と ∣ **直線の位置が一致**します。
   ポップアップ表示される**クイック合致状況依存ツールバー**で ⟨⟩ [一致] が**自動的に選択**されます。
   ☑ [合致の追加／終了] を 🖱 クリックして確定します。

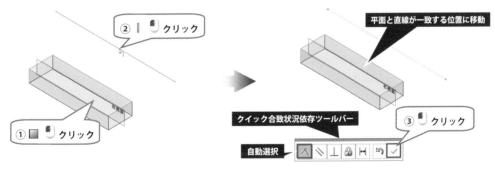

4. 下図に示す《◈ (-)Block-2》の《▱ **右側面**》とアセンブリ内の ∣ **直線**を 🖱 クリック。
   《◈ (-)Block-2》が**移動**し、選択した《▱ **右側面**》と ∣ **直線が一致**します。
   ⟨⟩ [一致] が**自動的に選択**されるので ☑ [合致の追加／終了] を 🖱 クリックして確定します。

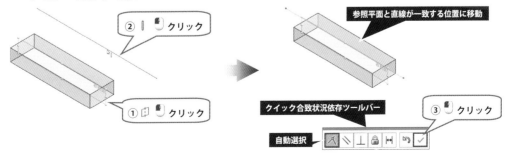

5. Property Manager または**確認コーナー**の ☑ [**OK**] ボタンを 🖰 クリックして 🔗 [**合致**] を終了します。

6. 💾 [**保存**] にて**上書き保存**し、❎ [**クローズボックス**] を 🖰 クリックして閉じます。

7.2.4 一致合致の追加（直線×円筒面）

サンプルのアセンブリを使用し、**直線と円筒面の組み合わせで** ⋀ [**一致**] **を追加**します。

1. ダウンロードフォルダー { 📁 **Chapter 7**} > { 📁 **Standard Mates-1**} より
   アセンブリファイル { 🔗 **Coincident Mate-3**} を開きます。
   《 🔗 (-)Bar》の**円筒面とアセンブリ内に作成したスケッチ（直線）を一致**させます。

   Coincident Mate-3.SLDASM

2. Command Manager 【**アセンブリ**】 タブより 🔗 [**合致**] を 🖰 クリック。

3. Property Manager に「 🔗 **合致**」の【**合致**】 タブが表示されます。
   下図に示す《 🔗 (-)Bar》の ⬛ **円筒面とアセンブリ内の** ∣ **直線**を 🖰 クリック。
   《 🔗 (-)Bar》が**移動**し、**選択した** ⬛ **円筒面と** ∣ **直線の位置が一致**します。
   ポップアップ表示されるクイック合致状況依存ツールバーで ⋀ [**一致**] **が自動的に選択**されます。
   ☑ [**合致の追加／終了**] を 🖰 クリックして確定します。

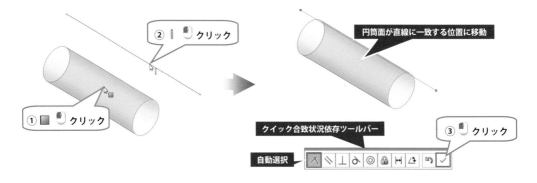

4. Property Manager または**確認コーナー**の ☑ [**OK**] ボタンを 🖰 クリックして 🔗 [**合致**] を終了します。

5. 《  (-)Bar》を 🖐 ドラッグして移動し、 ■ 円筒面が ┃ 直線に一致していることを確認します。

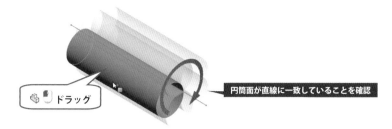

🖐 ❚ ドラッグ

円筒面が直線に一致していることを確認

6. 🖫 [保存] にて上書き保存し、 × [クローズボックス] を 🖐 クリックして閉じます。

👉 POINT 軸の整列状態

「軸の整列状態（X）」は、 🔨 [一致]で合致エンティティに原点と座標系を選択した場合に使用できます。
構成部品の向きと座標系の向きを**整列**し、構成部品の原点と座標系を**一致**させて**完全定義**します。

📎 [合致]で構成部品の 🔸原点と別の構成部品の 🔧座標系を選択した場合、クイック合致状況依存ツール
バーまたは Property Manager に「軸の整列状態（X）」が表示されます。

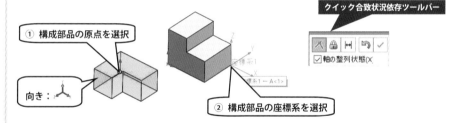

クイック合致状況依存ツールバー

① 構成部品の原点を選択

向き：

② 構成部品の座標系を選択

☑軸の整列状態(X

「軸の整列状態（X）」をチェック ON （☑）にすると、 🔸原点と 🔧座標系が一致および整列します。
整列は、構成部品の向き（参照トライアドの **XYZ**）と座標系の向きが一致した状態です。
構成部品は**完全定義**になります。

構成部品の向きと座標系の向きが整列

向き：

☑軸の整列状態(X

チェック ON ☑

「軸の整列状態（X）」をチェック OFF （☐）にすると、 🔸原点と 🔧座標系が一致します。
整列しないので、構成部品は**未定義**です。

一致のみで整列しない

向き：

☐軸の整列状態(X

チェック OFF ☐

7.3 平行合致

[平行] は、選択した合致エンティティをお互いに平行になるように構成部品を配置します。

7.3.1 平行合致の組み合わせ

[平行] は、下表のエンティティの組み合わせで追加できます。

タイプ	直線※1	参照平面	押し出し※2	円筒面※3	円錐面※4	サーフェス※5
直線	✓	✓	✓	✓	✓	✓
参照平面	✓	✓				
押し出し			✓			
円筒面	✓		✓	✓	✓	✓
円錐面	✓		✓	✓		✓
サーフェス	✓			✓	✓	✓

※1 ‖ 直線エッジまたはスケッチの ‖ 直線エンティティを示します。

※2 押し出されたソリッドボディまたはサーフェスボディの ■ 単一面を示します。抜き勾配オプションを使用した面はサポートされていません。

※3 円筒面の ⌀ 軸を示します。

※4 円錐面の ⌀ 軸を示します。

※5 非解析なサーフェスを示します。

7.3.2 平行合致の追加（押し出しx押し出し）

サンプルのアセンブリを使用し、**押し出し（平面）と押し出し（平面）の組み合わせで** [平行] **を追加しま**す。

1. ダウンロードフォルダー {📁 **Chapter 7**} > {📁 **Standard Mates-2**} より

   アセンブリファイル {🗎 **Parallel Mate-1**} を開きます。

   《🗎 (-)Table＜1＞》と《🗎 (-)Table＜2＞》の押し出し（平面）と押し出し（平面）を平行にします。

Parallel Mate-1.SLDASM

2. Command Manager【**アセンブリ**】タブより 📎 [**合致**] を 🖱 クリック。

3. Property Manager の「**標準合致（A）**」の [**平行（R）**] を 🖱 クリック。

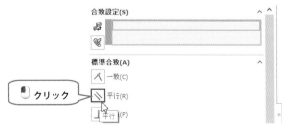

4. 下図に示す 2 つの 《 (-)Table》 の ■ 平らな面を クリックすると、**選択した 2 つの ■ 平らな面が平行**
になります。**ポップアップ表示**される**クイック合致状況依存ツールバー**の ✓ ［合致の追加／終了］を
クリックして確定します。

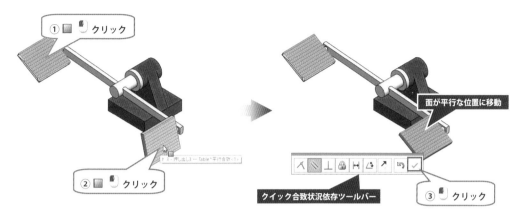

5. Property Manager または**確認コーナー**の ✓ ［OK］ボタンを クリックして ◎ ［**合致**］を終了します。

6. 《 (-)Arm》を ドラッグして**移動**し、**2 つの** ■ 面の平行を保持することを確認します。

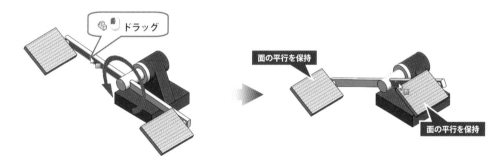

7. ［**保存**］にて**上書き保存**し、× ［**クローズボックス**］を クリックして閉じます。

7.3.3 平行合致の追加（円筒面 x 円筒面）

サンプルのアセンブリを使用し、**円筒面と円筒面の組み合わせで**  ［**平行**］**を追加**します。

1. ダウンロードフォルダー｛ **Chapter 7**｝＞｛ **Standard Mates-2**｝より
   アセンブリファイル｛ **Parallel Mate-2**｝を開きます。
   《 **(固定)Bar＜1＞**》と《 **(-)Bar＜2＞**》の円筒面の軸と軸を平行にします。

Parallel Mate-2.SLDASM

2. Command Manager【**アセンブリ**】タブより ［**合致**］を クリック。

3. Property Manager の「**標準合致（A)**」の ［**平行（R)**］を クリック。

4. 下図に示す《 **(-)Bar＜2＞**》と《 **(固定)Bar＜1＞**》の 円筒面を クリック。
   《 **(-)Bar＜2＞**》が移動し、**選択した2つの** 円筒面の軸が平行になります。
   ポップアップ表示されるクイック**合致状況依存ツールバー**の ［**合致の追加／終了**］を クリックして
   確定します。

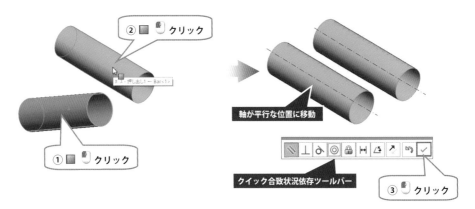

② □ クリック

① □ クリック

軸が平行な位置に移動

クイック合致状況依存ツールバー

③ クリック

5. Property Manager または**確認コーナー**の ［**OK**］ボタンを クリックして ［**合致**］を終了します。

6. ［**保存**］にて**上書き保存**し、 ［**クローズボックス**］を クリックして閉じます。

7.4 垂直合致

⊥ [**垂直**] は、選択した合致エンティティをお互いに垂直になるように構成部品を配置します。

7.4.1 垂直合致の組み合わせ

⊥ [**垂直**] は、下表のエンティティの組み合わせで追加できます。

タイプ	直線※1	参照平面	押し出し※2	円筒面※3	円錐面※4	サーフェス※5
直線	✓	✓	✓	✓	✓	✓
参照平面	✓	✓				
押し出し	✓		✓	✓	✓	
円筒面	✓		✓	✓	✓	✓
円錐面	✓			✓	✓	✓
サーフェス	✓			✓	✓	✓

※1 ∥直線エッジまたはスケッチの ∥直線エンティティを示します。

※2 押し出されたソリッドボディまたはサーフェスボディの ■ 単一面を示します。抜き勾配オプションを使用した面はサポートされていません。

※3 円筒面の ╱ 軸を示します。

※4 円錐面の ╱ 軸を示します。

※5 非解析なサーフェスを示します。

7.4.2 垂直合致の追加（押し出し x 押し出し）

サンプルのアセンブリを使用し、**押し出し（平面）と押し出し（平面）の組み合わせで** ⊥ [**垂直**] **を追加**します。

1. ダウンロードフォルダー {🗁 **Chapter 7**} > {🗁 **Standard Mates-3**} より

   アセンブリファイル {🗎 **Perpendicular Mates-1**} を開きます。

   《🗎 (固定)Panel<1>》と未定義の《🗎 (-)Panel<*>》が **5 つ**あります。

   これらの構成部品の**押し出し（平面）と押し出し（平面）を垂直**にします。

Perpendicular Mates-1.SLDASM

2. Command Manager 【**アセンブリ**】 タブより 🔗 [**合致**] を 🖱 クリック。

3. Property Manager の「**標準合致（A）**」の ⊥ [**垂直（P）**] を 🖱 クリック。

4. 下図に示す《🖐(-)Panel<2>》と《🖐(固定)Panel<1>》の ▢ 平らな面を 🖱 クリック。
   《🖐(-)Panel<2>》が移動し、選択した 2 つの ▢ 平らな面が垂直になります。
   ポップアップ表示されるクイック合致状況依存ツールバーの ✓ [合致の追加／終了] を 🖱 クリックして
   確定します。

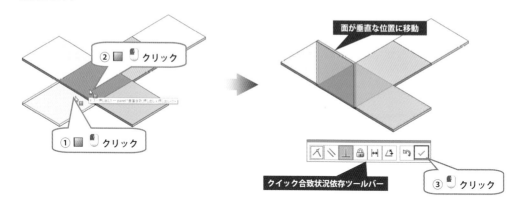

5. 同様の操作で ⊥ [垂直] を追加します。
   ⊥ [垂直] には ↗ [合致整列の反転] がないので、反転した場合は操作を取り消してやり直してください。
   構成部品を 🖱 右ドラッグして反転しない位置まで移動しておくといいでしょう。

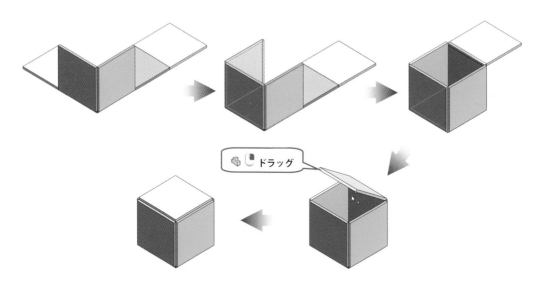

6. Property Manager または確認コーナーの ✓ [OK] ボタンを 🖱 クリックして 🔗 [合致] を終了します。

7. 💾 [保存] にて上書き保存し、✕ [クローズボックス] を 🖱 クリックして閉じます。

7.4.3 垂直合致の追加（円筒面 x 円筒面）

サンプルのアセンブリを使用し、**円筒面と円筒面の組み合わせ**で ⊥ [**垂直**] を追加します。

1. ダウンロードフォルダー｛ Chapter 7｝＞｛ Standard Mates-3｝より
    アセンブリファイル｛ Perpendicular Mates-2｝を開きます。
    《 (固定)Bar＜1＞》と《 (-)Bar＜2＞》の円筒面の軸と軸を**垂直**にします。

Perpendicular Mates-2.SLDASM

2. Command Manager【**アセンブリ**】タブより [**合致**] を クリック。

3. Property Manager の「**標準合致（A）**」の ⊥ [**垂直（P）**] を クリック。

4. 下図に示す《 (固定)Bar＜1＞》と《 (-)Bar＜2＞》の ■ 円筒面を クリックすると、
    《 (-)Bar＜2＞》が**移動**し、**選択した 2 つの** ■ 円筒面の軸が**垂直**になります。
    ポップアップ表示される**クイック合致状況依存ツールバー**の ✓ [**合致の追加／終了**] を クリックして
    確定します。

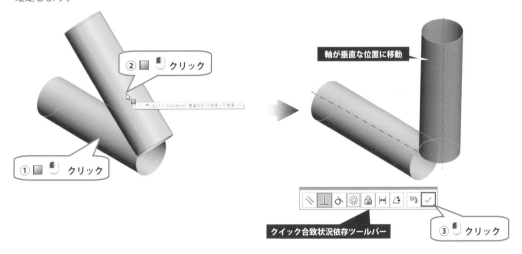

② ■ クリック

① ■ クリック

軸が垂直な位置に移動

クイック合致状況依存ツールバー

③ クリック

5. Property Manager または**確認コーナー**の ✓ [**OK**] ボタンを クリックして [**合致**] を終了します。

6. [**保存**] にて**上書き保存**し、✕ [**クローズボックス**] を クリックして閉じます。

7.5 正接合致

[正接] は、選択した合致エンティティ（平面と曲面など）をお互いに正接な位置に構成部品を配置します。

7.5.1 正接合致の組み合わせ

[正接] は、下表のエンティティの組み合わせで追加できます。

タイプ	直線※1	参照平面	押し出し※2	円筒面	円錐面	球面	サーフェス	カム
直線				✓		✓		
参照平面			✓	✓	✓		✓	✓
押し出し		✓		✓				
円筒面	✓	✓	✓	✓		✓	✓	✓
円錐面		✓	✓			✓		
球面		✓		✓	✓	✓		
サーフェス		✓		✓				
カム		✓		✓				

※1 ‖ 直線エッジまたはスケッチの ‖ 直線エンティティを示します。

※2 押し出されたソリッドボディまたはサーフェスボディの ▦ 単一面を示します。抜き勾配オプションを使用した面はサポートされていません。

7.5.2 正接合致の追加（押し出し x 円筒面）

サンプルのアセンブリを使用し、**押し出しサーフェスと円筒面の組み合わせで** [正接] を追加します。

1. ダウンロードフォルダー {　Chapter 7} > {　Standard Mates-4} より

   アセンブリファイル {　Tangent Mate-1} を開きます。

   《　(固定)Surface》の押し出しサーフェスと《　(-)Bar》の円筒面を正接にします。

Tangent Mate-1.SLDASM

2. Command Manager【アセンブリ】タブより [合致] を クリック。

3. Property Manager の「標準合致（A)」の [正接（T)] を クリック。

4. 下図に示す《 (-)Bar》の ■ 円筒面と《 (固定)Surface》の ■ サーフェスを クリック。

   《 (-)Bar》が移動し、《 (固定)Surface》の ■ 曲面に正接になります。

   ポップアップ表示されるクイック合致状況依存ツールバーの ✓ [合致の追加／終了] を クリックして確定します。

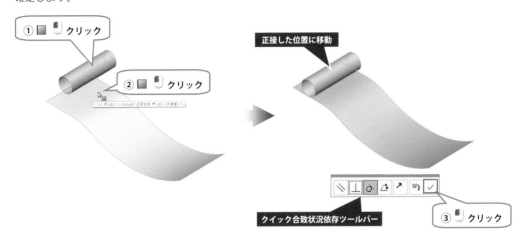

5. Property Manager または確認コーナーの ✓ [OK] ボタンを クリックして [合致] を終了します。

6. 《 (-)Bar》を ドラッグして移動し、2 つの ■ 面の正接を保持することを確認します。

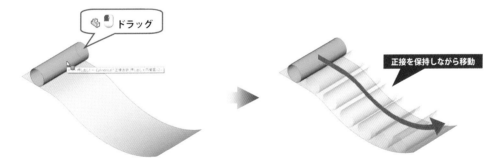

7. [保存] にて上書き保存し、✕ [クローズボックス] を クリックして閉じます。

7.5.3 正接合致の追加（球面 x 押し出し）

サンプルのアセンブリを使用し、**球面と押し出しされた面（回転ボス）の組み合わせで**  [正接] を追加します。

1. ダウンロードフォルダー {📁 **Chapter 7**} > {📁 **Standard Mates-4**} より
   アセンブリファイル {🖳**Tangent Mate-2**} を開きます。
   《🖳(-)Ball》の**球面**と《🖳(固定)Inner ring》の**押し出しされた面（回転ボス）**を**正接**にします。

Tangent Mate-2.SLDASM

2. Command Manager【アセンブリ】タブより 🖉 [**合致**] を 🖱 クリック。

3. Property Manager の「**標準合致（A）**」の [**正接（T）**] を 🖱 クリック。

4. 下図に示す《🖳(-)Ball》の ■ **球面**と《🖳(固定)Inner ring》の ■ **曲面**を 🖱 クリック。
   《🖳(-)Ball》が**移動**し、《🖳(固定)Inner ring》の ■ **曲面**に**正接**になります。
   ポップアップ表示されるクイック合致状況依存ツールバーの ☑ [**合致の追加／終了**] を 🖱 クリックして
   確定します。（※SOLIDWORKS2014 以前のバージョンは、円弧を回転して押し出した曲面を選択できません。）

② ■ 🖱 クリック

正接した位置に移動

① ■ 🖱 クリック

クイック合致状況依存ツールバー

③ 🖱 クリック

5. Property Manager または**確認コーナー**の ☑ [**OK**] ボタンを 🖱 クリックして 🖉 [**合致**] を終了します。

6. 《🖳(-)Ball》を 🖱 **ドラッグ**して**移動**し、**2 つの** ■ **面の正接を保持する**ことを確認します。

🖳 🖱 ドラッグ

正接を保持しながら移動

7. 💾 [**保存**] にて**上書き保存**し、❎ [**クローズボックス**] を 🖱 クリックして閉じます。

7.6　同心円合致

[同心円] は、選択した合致エンティティの円筒面の軸や円の中心を一致するように構成部品を配置します。

7.6.1　同心円合致の組み合わせ

[同心円] は、下表のエンティティの組み合わせで追加できます。

タイプ	直線※1	円／円弧エッジ	点	円筒面※2	円錐面※3	球面
直線		✓		✓	✓	✓
円／円弧エッジ	✓	✓		✓	✓	
点		✓		✓	✓	✓
円筒面	✓	✓	✓	✓	✓	✓
円錐面	✓	✓	✓	✓	✓	
球面	✓		✓	✓		✓

※1 ‖ 直線エッジまたはスケッチの ‖ 直線エンティティを示します。

※2 円筒面の軸を示します。

※3 円錐面の軸を示します。

7.6.2　同心円合致の追加（円エンティティ x 円筒面）

サンプルのアセンブリを使用し、**スケッチの円エンティティと円筒面の組み合わせで** [同心円] **を追加し**ます。

1. ダウンロードフォルダー｛ **Chapter 7**｝＞｛ **Standard Mates-5**｝より

   アセンブリファイル｛ **Concentric Mate-1**｝を開きます。

   《 **(-)Bar**》**の円筒面の軸**と《 **(固定)Round**》**の円エンティティの中心点を一致**させます。

Concentric Mate-1.SLDASM

2. Command Manager【**アセンブリ**】タブより [**合致**] を クリック。

3. 下図に示す《🖐(固定)Round》の ◯ 円エンティティと《🖐(-)Bar》の ■ 円筒面を 🖱 クリック。

《🖐(-)Bar》が移動し、選択した ◯ 円エンティティの中心点と ■ 円筒面の軸が一致します。

ポップアップ表示されるクイック合致状況依存ツールバーで ◎ [同心円] が自動的に選択されます。

↗ [合致整列の反転] オプションを使用して反転が可能です。

✓ [合致の追加/終了] を 🖱 クリックして確定します。

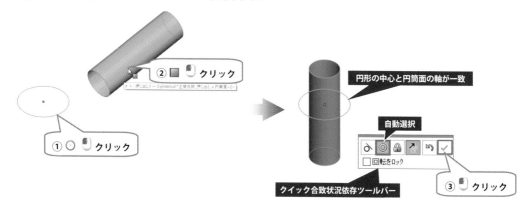

4. Property Manager または確認コーナーの ✓ [OK] ボタンを 🖱 クリックして 🖇 [合致] を終了します。

5. 《🖐(-)Bar》を 🖱 ドラッグして移動し、同心円を保持することを確認します。

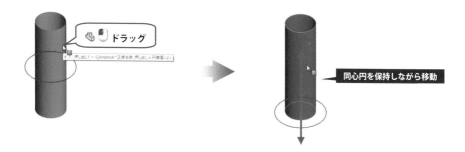

6. 🖫 [保存] にて上書き保存し、✕ [クローズボックス] を 🖱 クリックして閉じます。

7.6.3 *同心円合致の追加（球面 x 円筒面）*

サンプルのアセンブリを使用し、**球面と円筒面の組み合わせで** ◎ [**同心円**] を追加します。

1. ダウンロードフォルダー 《 📁 **Chapter 7**》>《 📁 **Standard Mates-5**》より

   アセンブリファイル 《🌐**Concentric Mate-2**》を開きます。

   《🌐 **(-)Bar**》の円筒面の軸と《🌐 **(固定)Ball**》の球面の中心点を一致させます。

Concentric Mate-2.SLDASM

2. Command Manager【**アセンブリ**】タブより ◎ [**合致**] を 🖱 クリック。

3. Property Manager の「**標準合致（A）**」の ◎ [**同心円（N）**] を 🖱 クリック。

4. 下図に示す《🌐 **(固定)Ball**》の ■ **球面**と《🌐 **(-)Bar**》の ■ **円筒面**を 🖱 クリック。

   《🌐 **(-)Bar**》が移動し、 ■ **円筒面**の ╱ **軸**が ■ **球面**の中心点に**一致**します。

   ポップアップ表示される**クイック合致状況依存ツールバー**で ◎ [**同心円**] が**自動的に選択**されます。

   ☑ [**合致の追加／終了**] を 🖱 クリックして確定します。

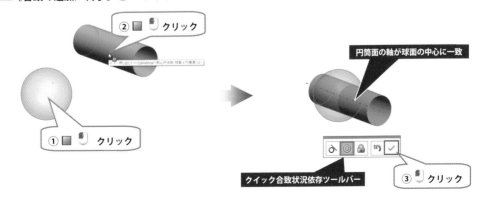

5. Property Manager または**確認コーナー**の ☑ [**OK**] ボタンを 🖱 クリックして ◎ [**合致**] を終了します。

6. 《 🔹 (-)円筒面》を 🖐 右ドラッグで移動し、**同心円を保持することを確認**します。

7. 🖫 [**保存**] にて**上書き保存**し、🗙 [**クローズボックス**] を 🖐 クリックして閉じます。

7.6.4　同心円の不整列を許容

2 つの穴のセットに ◎ [**同心円**] を**追加**する場合、穴の中心間の距離に違いがあると**重複定義エラー**を発生します。このような場合 ⊡ [**不整列**] を使用すると**穴の中心間の距離を許容**し、**エラーを回避**して ◎ [**同心円**] を**追加**できます。（※SOLIDWORKS2018 以降の機能です。）

1. ダウンロードフォルダー {📁 **Chapter 7**} > {📁 **Standard Mates-5**} より
   アセンブリファイル {🔹 **Concentric Mate-3**} を開きます。
      《 🔹 **(固定)Plate-1**》と《 🔹 **(-)Plate-2**》の穴の位置を**一致**させます。

Concentric Mate-3.SLDASM

2. Command Manager 【**アセンブリ**】タブより 🔗 [**合致**] を 🖐 クリック。

3. 下図に示す《 🔹 **(固定)Plate-1**》の ■ **円筒面**と《 🔹 **(-)Plate-2**》の ■ **円筒面**を 🖐 クリック。
      《 🔹 **(-)Plate-2**》が**移動**し、■ **円筒面の軸が一致**します。
      ポップアップ表示される**クイック合致状況依存ツールバー**で ◎ [**同心円**] が**自動的に選択**されます。
      ✓ [**合致の追加／終了**] を 🖐 クリックして確定します。

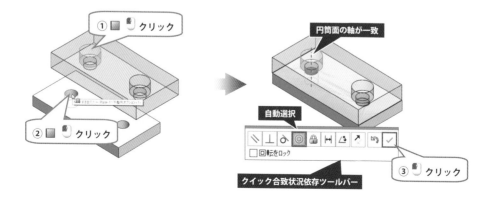

4. 《🐾 (-)Plate-2》を移動して《🐾 (固定)Plate-1》の穴が見えるようにし、下図に示す《🐾 (固定)Plate-1》の
🔲 円筒面と《🐾 (-)Plate-2》の 🔲 円筒面を 🖱 クリック。

穴の中心間の距離が一致しない場合、クイック合致状況依存ツールバーで ⊚ [同心円] が自動的に選択され
ません。⊚ [同心円] を 🖱 クリック。

5. クイック合致状況依存ツールバーにオプションが拡張表示されるので ⊕ [不整列] を 🖱 クリック。

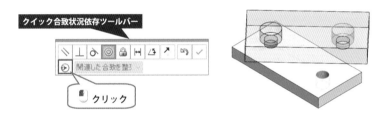

6. Property Manager に「整列」オプションが表示され、「結果」に穴セットの距離の偏差が表示されます。
クイック合致状況依存ツールバーの ✓ [合致の追加／終了] を 🖱 クリックして確定します。

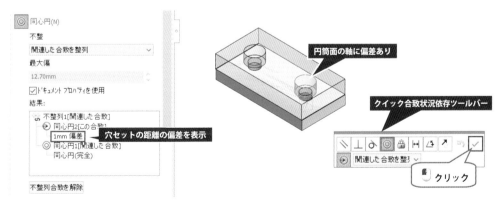

7. Property Manager または確認コーナーの ✓ [OK] ボタンを 🖱 クリックして 🔗 [合致] を終了します。

8. ｛🔗 **合致**｝フォルダーを ▼ 展開し、｛🌸 **不整列**｝フォルダーがあることを確認します。

関連する同心円合致は、｛🌸 **不整列**｝ フォルダーにまとめられます。

「🔄」は、**不整列された同心円合致**を意味しています。

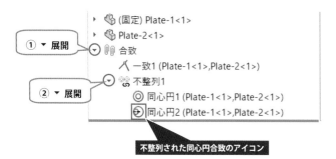

① ▼ 展開
② ▼ 展開

不整列された同心円合致のアイコン

9. **ヘッズアップビューツールバー**の 📖 ［**断面表示**］を 🖱 クリックし、**穴の不整列**を確認します。

🖱 クリック

断面表示
平面または面を使用して、部品またはアセンブリのカット断面を表示します。

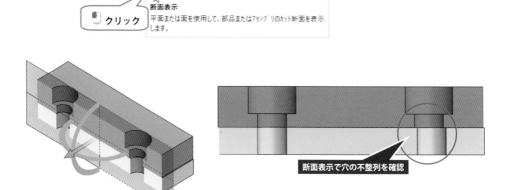

断面表示で穴の不整列を確認

10. 💾 ［**保存**］にて**上書き保存**し、✕ ［**クローズボックス**］を 🖱 クリックして閉じます。

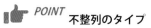 **POINT** **不整列のタイプ**

不整列のタイプは、Property Manager の「**整列**」、または**クイック合致状況依存ツールバー**から選択します。

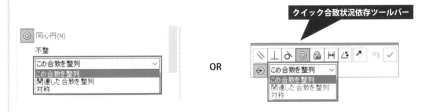

不整列のタイプには、次の 3 つのタイプがあります。

不整列のタイプ	説　明
この合致を整列	**1 つ目の同心円合致に不整列合致を適用**し、**2 つ目の同心円合致を完全定義（穴を一致）**させます。
関連した合致を整列	デフォルトで選択されます。 **1 つ目の同心円合致を完全定義**させ、**2 つ目の同心円合致に不整列合致を適用**します。
対称	**不整列の半分をそれぞれの同心円合致に適用**します。アイコンは「⊕」に変わります。

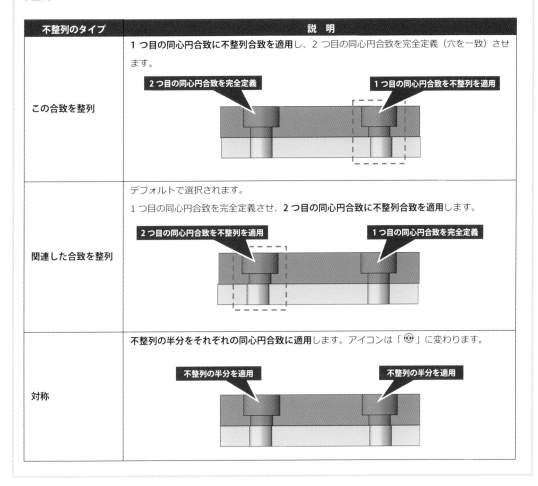

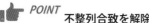
不整列合致を解除するには、次の 2 つの方法があります。

不整列合致を解除

[フィーチャー編集]で「整列」オプションにある 不整列合致の解除 を クリックします。

これにより、**同心円合致の重複定義エラーが発生**します。

◎ 同心円(N)

不整

関連した合致を整列

最大偏

12.70mm

☑ ドキュメント プロパティを使用

結果:

不整列1[関連した合致]
　→ 同心円3[この合致]
　　1mm 偏差
　◎ 同心円1[関連した合致]
　　同心円(完全)

不整列合致を解除 ← クリック

🔒 ロック(O)

⚙ ⊕ 不整列オプション
▸ 🕐 履歴
　🔵 センサー
▸ 🅰 アノテート アイテム
　🔲 正面
　🔲 平面
　🔲 右側面
　∟ 原点
▸ ⚙ ⚠ (固定) [Plate-1^不整列オプション]<1>
▸ ⚙ ⚠ (+) [Plate-2^不整列オプション]<1>
▾ 🔗 ⊕ 合致
　丿 一致1 (Plate-1^不整列オプション<1>,Plate-2^不整列オプション<1>)
　◎ ⚠ 同心円1 (Plate-1^不整列オプション<1>,Plate-2^不整列オプション<1>)
　◎ ❌ 同心円3 (Plate-1^不整列オプション<1>,Plate-2^不整列オプション<1>)

重複定義エラーが発生

不整列を除去

不整列合致を適用した同心円合致を 右クリックし、メニューより[**不整列を除去（D)**]を クリックします。**メッセージボックスが表示**されるので はい(Y) を クリックします。

① 右クリック

② クリック

③ クリック

『**エラー内容**』ダイアログが表示されるので、 閉じる(C) を クリックします。

エラー内容ダイアログ

クリック

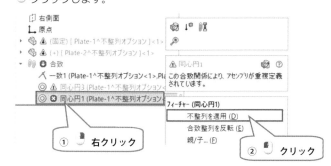

POINT 不整列を適用

「**不整列を適用**」オプションは、**右クリックメニューから実行**できます。

1. **重複定義エラーを発生している同心円合致**を 右クリックし、メニューより［**不整列を適用（D）**］を クリックします。

2. 同心円合致が**フィーチャー編集の状態**になります。

    Property Manager または**確認コーナー**の ✓ ［**OK**］ボタンを クリック。

3. ［**合致**］コマンドが**実行中の状態**になります。

    Property Manager または**確認コーナー**の ✓ ［**OK**］ボタンを クリック。

7.6.5 *回転をロック*

◎ [同心円] の「**回転をロック**」オプションを使用すると、**部品の回転を抑制**できます。

サンプルのアセンブリを使用し、「**回転をロック**」オプションを使用して ◎ [**同心円**] を追加します。

（※SOLIDWORKS2014 以降の機能です。）

1. ダウンロードフォルダー { 📁 **Chapter 7**} ＞ { 📁 **Standard Mates-5**} より

   アセンブリファイル { 🗗 **Concentric Mate-4**} を開きます。

   《 🗗 **(固定)Base**》と《 🗗 **(-)Handle**》の穴の位置を一致させ、回転をロックします。

Concentric Mate-4.SLDASM

2. Command Manager【**アセンブリ**】タブより ◎ [**合致**] を 🖱 クリック。

3. 下図に示す《 🗗 **(固定)Base**》の ■ **円筒面**と《 🗗 **(-)Handle**》の ■ **円筒面**を 🖱 クリック。

   《 🗗 **(-)Handle**》が**移動**し、**円筒面の軸が一致**します。

   ポップアップ表示されるクイック合致状況依存ツールバーの「**回転をロック**」をチェック ON（☑）にし、

   ☑ [**合致の追加／終了**] を 🖱 クリックして確定します。

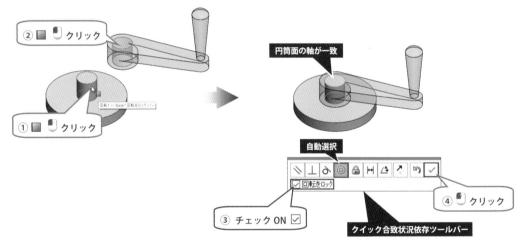

4. Property Manager または**確認コーナー**の ☑ [**OK**] ボタンを 🖱 クリックして ◎ [**合致**] を終了します。

5. { ⓪⓪ **合致**} フォルダーを ▼ 展開します。

   「**回転をロック**」をチェック ON（☑）にした場合、**同心円合致のアイコン**は「◉」で表示します。

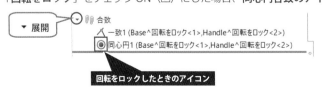

6. 《🔩 Handle》は「回転をロック」をチェック ON（☑）したことで**完全定義**します。

《🔩 Handle》を🖱️ドラッグして**回転しないことを確認**します。

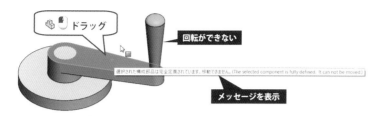

7. 🖫［保存］にて**上書き保存**し、⊠［**クローズボックス**］を🖱️クリックして閉じます。

POINT　**回転をロック解除**

ロックした回転を解除する場合は、Feature Manager デザインツリーより《◎同心円》を🖱️右クリックし、メニューより［**回転をロック解除（D）**］を🖱️クリックします。

POINT　**回転をロック（右クリックメニュー）**

右クリックメニューから「回転をロック」を**適用**できます。

Feature Manager デザインツリーより《◎同心円》を🖱️右クリックし、メニューより［**回転をロック（D）**］を🖱️クリックします。

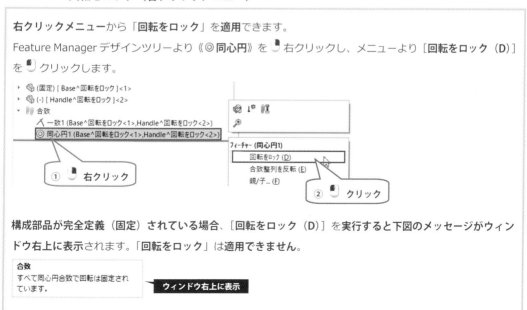

構成部品が完全定義（固定）されている場合、［回転をロック（D）］を**実行すると下図のメッセージがウィンドウ右上に表示**されます。「回転をロック」は**適用できません**。

合致
すべて同心円合致で回転は固定されています。　**ウィンドウ右上に表示**

7.7 ロック合致

🔒[ロック] は、2つの構成部品間の位置と方向を維持します。

7.7.1 ロック合致の追加

サンプルのアセンブリを使用し、2つの構成部品に 🔒[ロック] を追加します。

1. ダウンロードフォルダー {▦ **Chapter 7**} > {▦ **Standard Mates-6**} よりアセンブリファイル {🖐**Lock Mate**}
   を開きます。《🖐(-)Crank》を🖐ドラッグして**回転**しても《🖐(-)Wheel》と《🖐(-)Tire》は**回転しない状態**
   です。《🖐(-)Wheel》と《🖐(-)Tire》は 🔨[**一致**] と ◎[**同心円**] より固定されています。

Lock Mate.SLDASM

Wheel と Tire は回転しない

🖐🖱ドラッグ

2. Command Manager【**アセンブリ**】タブより 🔗[**合致**] を🖱クリック。

3. Property Manager の「**標準合致（A）**」の 🔒[**ロック（O）**] を🖱クリック。

標準合致(A)

🔨 一致(C)

◥ 平行(R)

⊥ 垂直(P)

クリック

◎ ⌐(N)

🔒 ロック(O)

⊢ 2つの構成部品を一緒にをロックします。

⚠ 30.00deg

4. 《🖐(-)Crank》と《🖐(-)Wheel》の ▦ **任意の面**を🖱クリック。
   ポップアップ表示される**クイック合致状況依存ツールバー**の ✓[**合致の追加／終了**] を🖱クリックして
   確定します。

① ▦🖱クリック

② ▦🖱クリック

クイック合致状況依存ツールバー

③🖱クリック

5. Property Manager または**確認コーナー**の ☑ [**OK**] ボタンを 🖱 クリックして 🔗 [**合致**] を終了します。

6. 《🔗 (-)Crank》を 🖱 ドラッグして**回転**すると、《🔗 (-)Wheel》と《🔗 (-)Tire》も**回転**します。

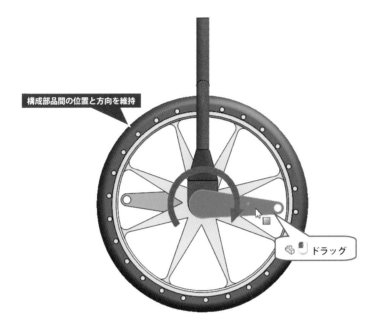

構成部品間の位置と方向を維持

🔗🖱 ドラッグ

7. 💾 [**保存**] にて**上書き保存**し、✕ [**クローズボックス**] を 🖱 クリックして閉じます。

7.8 距離合致

◫ ［距離］は、**選択した合致エンティティ間に指定した距離をオフセットして構成部品を配置**します。

7.8.1 距離合致の組み合わせ

◫ ［**距離**］は、下表のエンティティの組み合わせで追加できます。

タイプ	直線※1	点	平面※2	カーブ※3	円筒面※4	円錐面※5	球面
直線	✓	✓	✓		✓		✓
点	✓	✓	✓	✓	✓		✓
平面	✓	✓	✓		✓		✓
カーブ		✓					
円筒面	✓	✓	✓		✓		
円錐面						✓	
球面	✓	✓	✓				✓

※1 ‖直線エッジまたはスケッチの ‖直線エンティティを示します。

※2 ⟊参照平面またはボディの ■ 平らな面を示します。

※3 ○円弧、ⁿ スプラインのような単一のエンティティカーブを示します。

※4 円筒面の⟋軸を示します。

※5 二つの円錐で合致を追加する場合、同じ半角度を使用する必要があります。

7.8.2 距離合致の追加（平面 x 平面）

サンプルのアセンブリを使用し、**平面と平面の組み合わせで** ◫ ［**距離**］**を追加**します。

1. ダウンロードフォルダー {◧ **Chapter 7**} > {◧ **Standard Mates-7**} より

   アセンブリファイル {◉ **Distance Mate-1**} を開きます。

   構成部品《◉ **(固定)Rail**》と《◉ **(-)Piece**》があり、《◉ **(-)Piece**》は 🖱ドラッグすると**移動**できます。

   《◉ **(-)Piece**》に**平面間のオフセット距離を指定して合致を追加**します。

   （※構成部品を移動した場合、元の位置に戻してください。）

Distance Mate-1.SLDASM

Z 軸方向に並進移動

◉🖱ドラッグ

2. Command Manager 【**アセンブリ**】 タブより ◎ ［**合致**］ を 🖱クリック。

3. Property Manager の「標準合致（**A**)」の ⊢┤ ［距離］を 🖱 クリックすると、**距離の入力ボックスが
アクティブ**になります。＜ 3 0 ENTER ＞と ⌨ 入力します。

4. 下図に示す《 🐚 (-)Piece》の ■ 平面とアセンブリの《 🔲 正面》を 🖱 クリック。
《 🐚 (-)Piece》が ■ 平面と《 🔲 正面》が **30mm オフセットした位置へ移動**します。

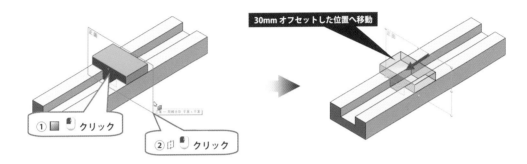

5. Property Manager の「**寸法反転（F)**」をチェック OFF （□）、または**クイック合致状況依存ツールバー**の
⭑ ［**寸法反転**］を 🖱 クリックすると、《 🐚 (-)Piece》は**反対方向にオフセット**します。

（※「**寸法反転（F)**」のチェックボックスの ON （☑）／OFF （□）は、**合致エンティティの位置関係により変わります**。）

↗ ［**合致整列の反転**］は Property Manager、または**クイック合致状況依存ツールバー**から実行できます。

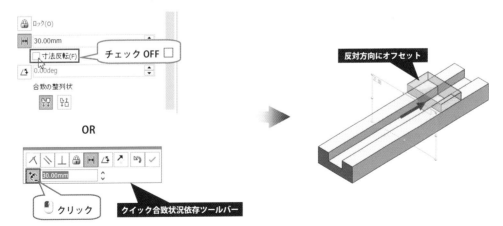

6. **クイック合致状況依存ツールバー**の ☑ [**合致の追加／終了**] を 🖱 クリックして確定します。

7. Property Manager または**確認コーナー**の ☑ [**OK**] ボタンを 🖱 クリックして ◎ [**合致**] を終了します。

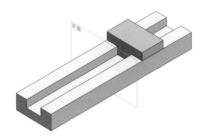

8. 🖫 [**保存**] にて**上書き保存**し、⊠ [**クローズボックス**] を 🖱 クリックして閉じます。

7.8.3 *距離合致の追加（円錐面 x 円錐面）*

サンプルのアセンブリを使用し、**2 つの円錐面の組み合わせ**で ⊢ [**距離**] **を追加**します。

1. ダウンロードフォルダー {▮ **Chapter 7**} > {▮ **Standard Mates-7**} より
   アセンブリファイル {◎**Distance Mate-2**} を開きます。
   《◎ **(固定)Cone<1>**》と《◎ **(-)Cone<2>**》の **2 つの円錐面間のオフセット距離**を指定して合致を追加します。

Distance Mate-2.SLDASM

2. Command Manager 【**アセンブリ**】タブより ◎ [**合致**] を 🖱 クリック。

3. Property Manager の「**標準合致（A)**」の  ［**距離**］を クリックすると、**距離の入力ボックスが アクティブ**になります。＜⑤ENTER＞と入力します。

4. 下図に示す《 **(固定)Cone＜1＞**》と《 **(-)Cone＜2＞**》の ■ **円錐面**を クリック。
   《 **(-)Cone＜2＞**》が**円錐面のオフセット距離 5mm の位置へ移動**します。
   Property Manager または**クイック合致状況依存ツールバー**で ↗ ［**合致整列の反転**］と「**寸法反転**」を
   実行できます。 ✓ ［**合致の追加／終了**］を クリックして確定します。

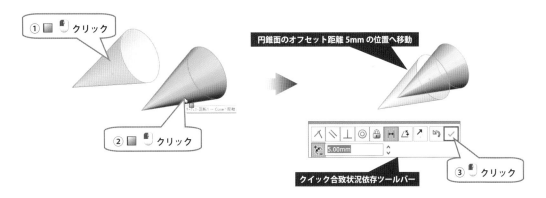

5. Property Manager または**確認コーナー**の ✓ ［**OK**］ボタンを クリックして ◉ ［**合致**］を終了します。

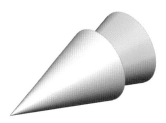

6. ［**保存**］にて**上書き保存**し、✕ ［**クローズボックス**］を クリックして閉じます。

 **POINT** 従動合致寸法

┃ [距離] や △ [角度] などは、**距離や角度などのパラメータを設定して作成**します。これら**は駆動寸法**であり、アセンブリを**パラメトリック変形**できます。「従動」オプションは、**駆動寸法を従動寸法に変更**します。**従動寸法に変更する場合**は、次のいずれかを実行します。

方法 1

Feature Manager デザインツリーの { ∞ **合致** } フォルダーより**合致**を 🖱 右クリックし、表示される
メニューより [**従動（G**)] を 🖱 クリックします。
合致寸法はグラフィックス領域に表示され、**構成部品を移動すると寸法値が変更**されます。

方法 2

グラフィックス領域で ✨ **合致寸法**を 🖱 右クリックし、メニューより [**従動（I**)] を 🖱 クリックします。

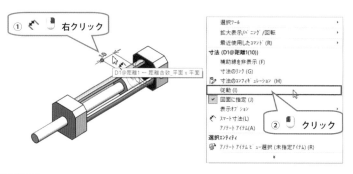

方法 3

グラフィックス領域で ✨ **合致寸法を選択**し、Property Manager の【**その他**】タブを 🖱 クリックします。
「**オプション**」の「**従動（E**)」をチェック ON（☑）にします。

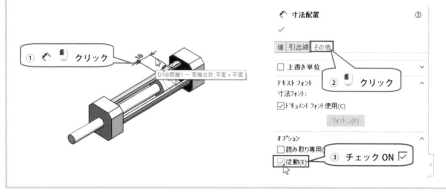

7.9 角度合致

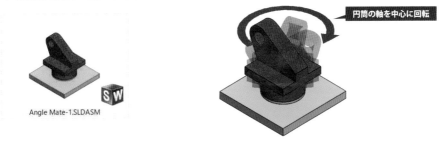 ［角度］は、選択した 2 つのエッジや面間に角度を指定して構成部品を配置します。

7.9.1 角度合致の組み合わせ

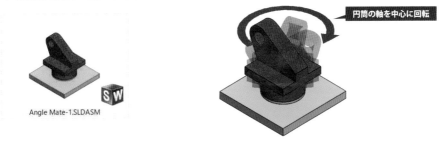 ［角度］は、下表のエンティティの組み合わせで追加できます。

タイプ	直線※1	押し出し※2	平面※3	円筒面※4	円錐面
直線	✓	✓		✓	✓
押し出し	✓	✓		✓	✓
平面			✓		
円筒面	✓	✓		✓	✓
円錐面	✓			✓	✓

※1 直線エッジまたはスケッチの 直線エンティティを示します。

※2 押し出されたソリッドボディまたはサーフェスボディの 単一面を示します。抜き勾配オプションを使用した面はサポートされていません。

※3 参照平面またはボディの 平らな面を示します。

※4 円筒面の 軸を示します。

7.9.2 角度合致の追加（平面 x 平面）

サンプルのアセンブリを使用し、**平面と平面の組み合わせ**で 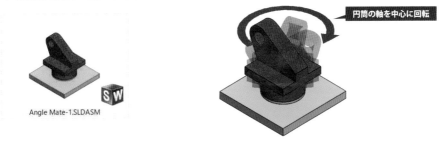 ［角度］を追加します。

1. ダウンロードフォルダー｛ **Chapter 7**｝＞｛ **Standard Mates-8**｝より

   アセンブリファイル｛ **Angle Mate-1**｝を開きます。

   《 (固定)Base》と《 (-)Trunnion》があり、《 (-)Trunnion》は ドラッグすると**回転**できます。

   《 (-)Trunnion》に**平面間の角度を指定して合致**を追加します。

   (※構成部品を移動した場合、元の位置に戻してください。)

Angle Mate-1.SLDASM

円筒の軸を中心に回転

2. Command Manager【アセンブリ】タブより ［合致］を クリック。

3. Property Manager の「標準合致（A)」の ［角度］を クリックすると、**角度の入力ボックスが
   アクティブ**になります。＜ 4 5 ENTER ＞と 入力します。

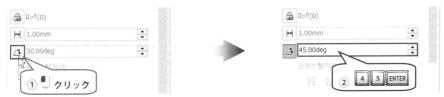

① クリック   ② 4 5 ENTER

4. 下図に示す《 🔩 (-)Trunnion》の ■ 平面と《 🔩 (固定)Base》の ■ 平面を 🖱 クリック。

   《 🔩 (-)Trunnion》が**面間の角度 45 度の位置へ回転**します。

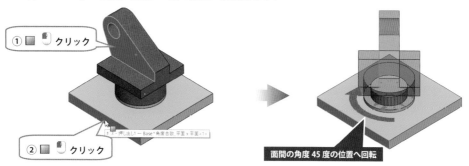

① ■ 🖱 クリック

② ■ 🖱 クリック

面間の角度 45 度の位置へ回転

5. Property Manager の「**寸法反転（F）**」をチェック ON（☑）、または**クイック合致状況依存ツールバー**の

   🧭 [**寸法反転**] を 🖱 クリックすると、《 🔩 (-)Trunnion》は**反対方向に 45 度回転**します。

   ↗ [**合致整列の反転**] は Property Manager、または**クイック合致状況依存ツールバー**から実行できます。

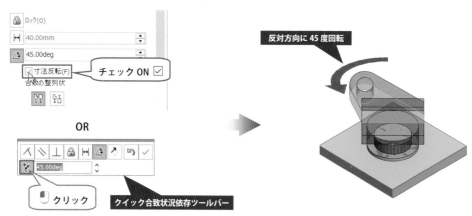

🔒 ロック(O)

⊢⊣ 40.00mm

⊿ 45.00deg

☑ 寸法反転(F) ← チェック ON ☑

合致の整列状

🔛 🔛

OR

⋋ ⟍ ⊥ 🔒 ⊢⊣ ⊿ ↗ ↶ ✓

🧭 45.00deg

🖱 クリック

クイック合致状況依存ツールバー

反対方向に 45 度回転

6. **クイック合致状況依存ツールバー**の ✓ [**合致の追加／終了**] を 🖱 クリックして確定します。

⋋ ⟍ ⊥ 🔒 ⊢⊣ ⊿ ↗ ↶ ✓

🧭 45.00deg

🖱 クリック

クイック合致状況依存ツールバー

7. Property Manager または**確認コーナー**の ✓ [**OK**] ボタンを 🖱 クリックして 📎 [**合致**] を終了します。

8. 💾 [**保存**] にて**上書き保存**し、✕ [**クローズボックス**] を
   🖱 クリックして閉じます。

7.9.3 角度合致の追加（円筒面×円筒面）

サンプルのアセンブリを使用し、2つの円筒面の組み合わせで ⚿ [**角度**] を追加します。

1. ダウンロードフォルダー｛ 📁 **Chapter 7**｝＞｛ 📁 **Standard Mates-8**｝より
   アセンブリファイル｛🔩 **Angle Mate-2**｝を開きます。
   《🔩 **(固定)Bar<1>**》と《🔩 **(-)Bar<2>**》の2つの円筒面間の角度を指定して合致を追加します。

Angle Mate-2.SLDASM

2. Command Manager【**アセンブリ**】タブより 📎 [**合致**] を 🖱 クリック。

3. Property Manager の「**標準合致（A)**」の ⚿ [**角度**] を 🖱 クリックすると、**角度の入力ボックスが
   アクティブ**になります。＜④⑤ ENTER ＞と ⌨ 入力します。

4. 下図に示す**2つの構成部品**の ◼ 円筒面を 🖱 クリック。
   《🔩 **(-)Bar<2>**》が ◼ 円筒面の軸間が角度 **45** 度の位置へ回転します。
   Property Manager または**クイック合致状況依存ツールバー**で ↗ [**合致整列の反転**] と「**寸法の反転**」を
   実行できます。✓ [**合致の追加／終了**] を 🖱 クリックして確定します。

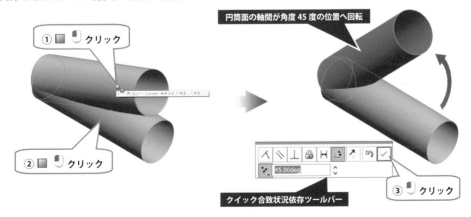

5. Property Manager または**確認コーナー**の ✓ [**OK**] ボタンを 🖱 クリックして 📎 [**合致**] を終了します。

6. 💾 [**保存**] にて**上書き保存**し、❎ [**クローズボックス**] を 🖱 クリックして閉じます。

👍 *POINT* 参照エンティティ

参照エンティティは、**回転軸を指定**することで ⌂ [**角度**] の**予期しない反転を防止**します。

予期しない反転は「**アセンブリを開く**」「**角度合致の寸法（ハンドル）をドラッグ**」「**コンフィギュレーションを切り替え**」などを実行した際に発生する可能性があります。

参照エンティティは**手動**、または**自動選択機能を使用**して選択します。

自動で選択する場合は、Property Manager の「🔗 参照」にある ⬚ [**参照エンティティの自動フィル**] を 🖱 クリックすると、**参照エンティティを自動的に検索して選択**します。

グラフィックス領域に**寸法セレクター**（円を 4 分割したアイコン ◕ ）が表示されます。

◕ **寸法セレクター**を 🖱 クリックすることで、**合致寸法の配置場所を変更**できます。

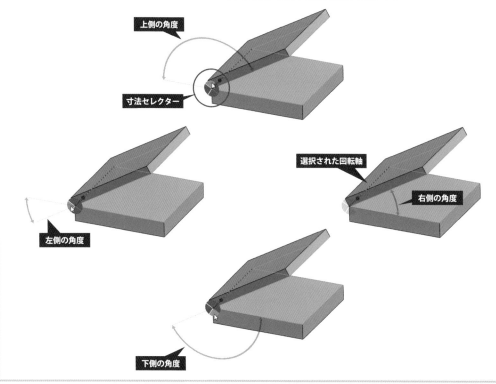

Chapter8

詳細設定合致

ダウンロードした CAD データを使用し、各種詳細設定合致の追加方法などを説明します。

詳細設定合致のタイプ

輪郭中心合致

▶   選択可能なエンティティ

▶   輪郭中心合致の追加

対称合致

▶   対称合致が可能なエンティティ

▶   対称合致の追加

幅合致

▶   幅合致の合致エンティティ

▶   幅合致の追加

パス合致

▶   パス合致のコントロール

▶   パス合致の追加

直線／直線カプラー合致

▶   直線／直線カプラー合致の追加（並進移動）

▶   直線／直線カプラー合致の追加（回転移動）

制限合致

▶   距離制限合致の追加

▶   角度制限合致の追加

8.1 詳細設定合致のタイプ

詳細設定合致のタイプには、下表のものがあります。

タイプ	説　明	定義例
⊚ ［輪郭中心］	選択した**エンティティの中心位置を相互に一致**させます。 （※SOLIDWORKS2015 以降の機能です。）	
⌀ ［対称］	2 つの**同じ種類のエンティティを基準面に対して対称**にします。	
⋈ ［幅］	2 つの構成部品を**お互いの中間の位置で配置**します。	
↗ ［パス合致］	**エンティティ（点や頂点）をパス（カーブなど）に一致**させます。	
↗ ［直線／直線カプラー］	2 つの構成部品の**移動比率を指定**します。	
↦ ［距離制限］	エンティティ間の**最大距離**と**最小距離**を**指定して配置**します。これにより構成部品の**可動範囲を制限**します。	
◿ ［角度制限］	エンティティ間の**最大角度**と**最小角度**を**指定して配置**します。これにより構成部品の**可動範囲を制限**します。	

8.2　輪郭中心合致

⊕ [輪郭中心] は、**選択した面の輪郭（矩形や円形など）の中央を一致させて構成部品を配置**します。

（※SOLIDWORKS2015 以降の機能です。以前のバージョンは ∧ [**一致**] ◎ [**同心円**] ▨ [**幅**] などを使用してください。）

8.2.1　選択可能なエンティティ

⊕ [輪郭中心] では、次の **3 つのタイプ**のエンティティを輪郭として選択できます。

円形輪郭

スケッチの ○ **円エンティティ**、ボディの ‖ **円形エッジ**、ボディの ▉ **円形の面**を選択できます。

これらの**中心位置**を**もう一方の輪郭の中心位置**に**一致**させます。

円エンティティ　　　　　　　　　　　円形エッジ　　　　　　　　　　　円形の面

直線エッジ

ボディの ‖ **直線エッジ**を 🖱 クリックして選択すると、**自動的にループして輪郭を選択**します。

黄色のハンドルは輪郭の向きを意味しており、🖱 クリックして**輪郭を変更**できます。

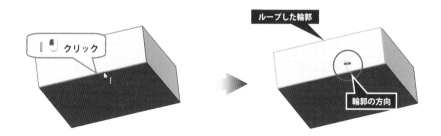

多角形の輪郭

▉ **多角形の面**、または**ループする多角形のスケッチ輪郭**を選択できます。

矩形輪郭は、「**フィレット**」「**面取り**」「**内部カット**」を処理した場合にも対応します。

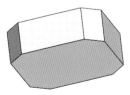

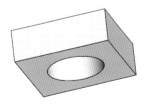

フィレット処理した多角形の面　　　　面取り処理した多角形の面　　　　内部カットした多角形の面

サポートされていない輪郭は？

既存の輪郭に対して 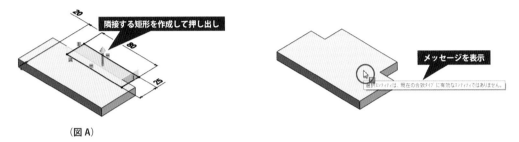[押し出しボス／ベース]や[押し出しカット]を使用して輪郭が変更された場合、この輪郭はサポートされません。

例1

図 A は、矩形輪郭を押し出して作成したボディに、隣接する矩形輪郭を作成して押し出した部品です。

合致エンティティとして選択しようとすると、「**選択エンティティは、現在の合致タイプに有効なエンティティではありません。**」**とメッセージが表示**されます。

隣接する矩形を作成して押し出し

メッセージを表示

選択エンティティは、現在の合致タイプ に有効なエンティティではありません。

（図 A）

例2

図 B は、矩形輪郭を押し出して作成したボディに隣接する矩形輪郭を作成してカットした部品です。

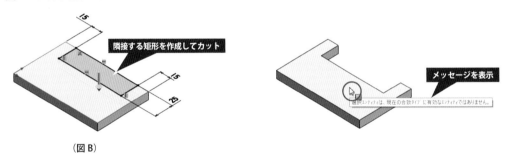

隣接する矩形を作成してカット

メッセージを表示

選択エンティティは、現在の合致タイプ に有効なエンティティではありません。

（図 B）

輪郭がサポートされていない場合の対策

新しいスケッチで輪郭を作成し、これを**合致エンティティとして選択**します。

下図は、サポートされていない輪郭のある平面に、**新しいスケッチで矩形輪郭を作成**しています。

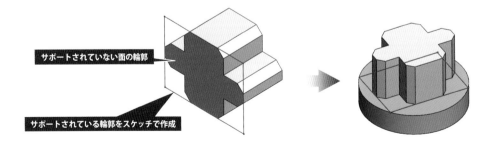

サポートされていない面の輪郭

サポートされている輪郭をスケッチで作成

8.2.2 *輪郭中心合致の追加*

サンプルのアセンブリを使用し、**矩形輪郭と円形の輪郭を組み合わせ**で ⊞ [輪郭中心] を追加します。

1. ダウンロードフォルダー｛ ▮ **Chapter 8**｝＞｛ ▮ **Advanced Mates-1**｝より

   アセンブリファイル｛ ⚙ **Profile Center Mate**｝を開きます。

   《 ⚙ **(固定)Base**》《 ⚙ **(-)Prism**》《 ⚙ **(-)Cylinder**》があり、これらの**構成部品の面の中心を一致**させます。

   Profile Center Mate.SLDASM

2. Command Manager【**アセンブリ**】タブより ◎ [**合致**] を 🖱 クリック。

3. Property Manager の「**詳細設定合致（D）**」を 🖱 クリックして展開し、⊞ [**輪郭中心**] を 🖱 クリック。

4. 下図に示す《 ⚙ **(-)Prism**》と《 ⚙ **(固定)Base**》の ■ **平らな面**を 🖱 クリック。

   《 ⚙ **(-)Prism**》が移動し、■ **平らな面**と ■ **平らな面の中央が一致する状態で面が一致**します。

   Property Manager で ↗ [**合致整列の反転**] を実行できます。

   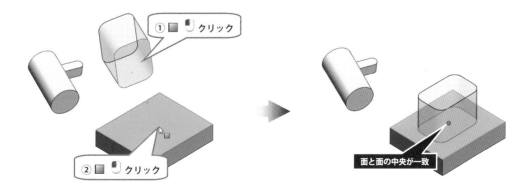

5. Property Manager の「**方向**」オプションで**構成部品を回転**できます。

　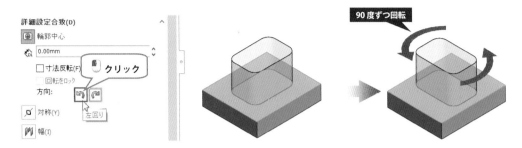 [**左回り**] または　[**右回り**] を　クリックすると、《 (-)Prism》が **90 度ずつ回転**します。

6. Property Manager または**確認コーナー**の [**OK**] ボタンを　クリックして確定します。

　《 Prism》は**完全定義**になります。

7. Property Manager「**詳細設定合致（D）**」の [**輪郭中心**] を　クリック。

8. 下図に示す《 (-)Cylinder》と《 (-)Prism》の **平らな面**を　クリック。

　《 (-)Cylinder》が**移動**し、**平らな面**と **平らな面の中央が一致する状態**で面が一致します。

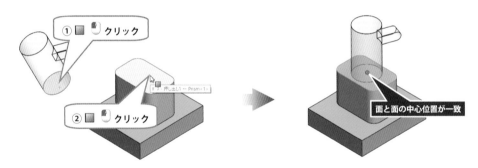

⚠ 輪郭が円形の場合、「**方向**」オプションは使用できません。

9. Property Manager または**確認コーナー**の [**OK**] ボタンを　クリックして確定します。

10. Property Manager または**確認コーナー**の [**OK**] ボタンを　クリックして [**合致**] を終了します。

11. [**保存**] にて**上書き保存**し、[**クローズボックス**] を　クリックして閉じます。

POINT 輪郭中心のオフセット

⊕ [輪郭中心] で選択した合致エンティティ間に**オフセット距離を設定**できます。

Property Manager の 🗠 「**オフセット距離**」に距離を▨▨▨入力します。

「**寸法の反転（F）**」をチェック ON（☑）にすると、**寸法が反転**します。

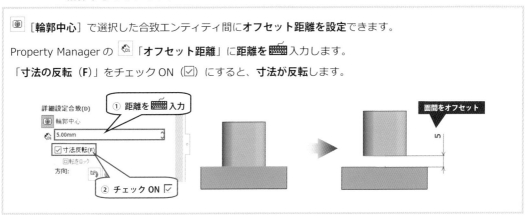

 POINT 輪郭中心の回転をロック

円形輪郭を使用した構成部品の回転を抑制するには、Property Manager の「**回転をロック**」をチェック ON（☑）にします。**構成部品は完全定義**され、**輪郭中心合致のアイコン**は「⊕」で表示します。

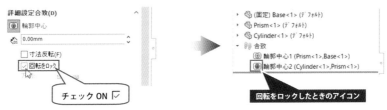

右クリックメニューから「**回転をロック**」を**適用**できます。Feature Manager デザインツリーより

《⊕輪郭中心》を 👆 右クリックし、メニューより［**輪郭回転をロック（D）**］を 👆 クリックします。

ロックした回転を解除する場合は、Property Manager の「**回転をロック**」をチェック OFF（☐）にする、また Feature Manager デザインツリーより定義した《⊕輪郭中心》を 👆 右クリックし、メニューより［**輪郭回転をロック解除（D）**］を 👆 クリックします。

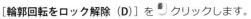

8.3　対称合致

[対称] は、構成部品からの**2つの類似のエンティティを選択**し、これを選択した**平面を基準に対称になるように構成部品を配置**します。選択した構成部品のエンティティをミラーにするもので、構成部品の全体を対称するわけではありません。

8.3.1　対称合致が可能なエンティティ

[対称] で選択可能なエンティティを次に示します。

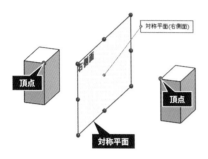

ボディの ● 頂点や ● 点エンティティなどの点

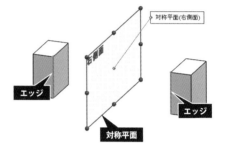

‖ エッジ、 ⁄ 軸、 ‖ 直線エンティティなどの線

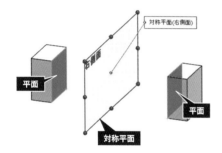

⬒ 参照平面またはボディの ⬛ 平らな面

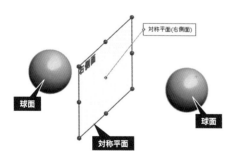

等しい半径の ⬛ 球面

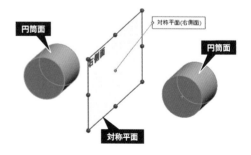

等しい半径の ⬛ 円筒面

サンプルのアセンブリを使用し、**2つの構成部品**に  [対称] **を追加**します。

1. ダウンロードフォルダー { 📁 **Chapter 8**} > { 📁 **Advanced Mates-2**} より

   アセンブリファイル { 🎁 **Symmetry Mate**} を開きます。

   《🎁 **(固定)Frame**》と**未定義**の《🎁 **(-)Door-1**》と《🎁 **(-)Door-2**》があります。

   《🗔 **右側面**》を**対称平面**に**指定**し、《🎁 **(-)Door-1**》と《🎁 **(-)Door-2**》を**対称な位置**に**配置**します。

Symmetry Mate.SLDASM

2. Command Manager 【**アセンブリ**】 タブより 🔗 [**合致**] を 🖱 クリック。

3. Property Manager の「**詳細設定合致（D）**」を 🖱 クリックして**展開**し、  [**対称 (Y)**] を 🖱 クリック。

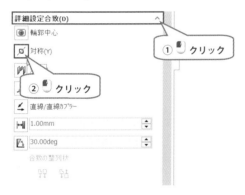

4. 「**合致設定（S）**」の「**対称平面**」の**選択ボックス**が**アクティブ**になります。

   グラフィックス領域より《🗔 **右側面**》、またはグラフィックス領域左上の**フライアウトツリー**を ▾ **展開**し、

   アセンブリの《🗔 **右側面**》を 🖱 クリック。

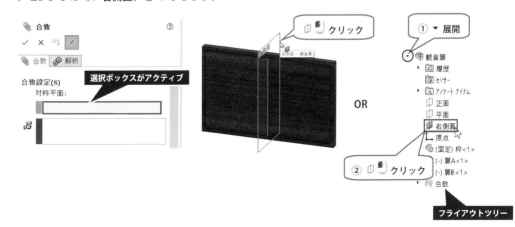

5. 「**合致設定（S）**」の 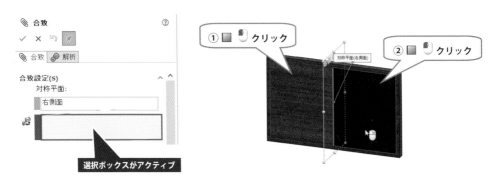「**合致エンティティ**」の**選択ボックスがアクティブ**になります。

下図に示す《 🖐(-)Door-1》と《 🖐(-)Door-2》の ■ **平らな面**を 🖱クリック。

① ■ 🖱 クリック

② ■ 🖱 クリック

選択ボックスがアクティブ

6. Property Manager または**確認コーナー**の ✓［**OK**］ボタンを 🖱クリックして確定します。

7. Property Manager または**確認コーナー**の ✓［**OK**］ボタンを 🖱クリックして 🖇［**合致**］を終了します。

8. 🖾［**対称**］を追加した《 🖐(-)Door-1》と《 🖐(-)Door-2》は**未定義のまま**です。
《 🖐(-)Door-2》または《 🖐(-)Door-2》を 🖱ドラッグして**移動**し、**対称に動くことを確認**します。

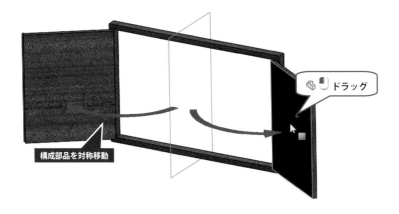

🖐 🖱 ドラッグ

構成部品を対称移動

9. 🖫［**保存**］にて**上書き保存**し、✕［**クローズボックス**］を 🖱クリックして閉じます。

8.4　幅合致

[幅] は、**2 つの構成部品をお互いの中間の位置で配置**するような場合に使用します。

中間の位置は、「**幅**」と「**タブ**」で選択した合致エンティティにより決定します。

8.4.1　幅合致の合致エンティティ

[幅] の「**幅**」では、次の合致エンティティを選択します。

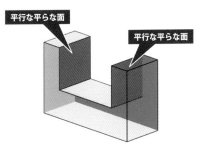

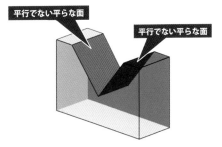

2 つの平行な ■ 平らな面　　　　　　　2 つの平行ではない ■ 平らな面

[幅] の「**タブ**」では、次の合致エンティティを選択します。

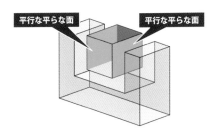

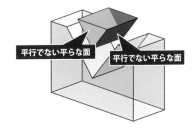

2 つの平行な ■ 平らな面　　　　　　　2 つの平行ではない ■ 平らな面

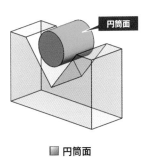

■ 円筒面　　　　　　　　　　　　円筒面の ／ 一時的な軸

サンプルのアセンブリを使用し、**2つの構成部品の中間位置を一致**させます。

1. ダウンロードフォルダー {📁 **Chapter 8**} ＞ {📁 **Advanced Mates-3**} より
   アセンブリファイル {🖳 **Width Mate**} を開きます。

   《🖳 **(固定)Garage**》と《🖳 **(-)CAR**》の**お互いの2平面の中心位置を一致**させます。

   Width Mate.SLDASM

2. Command Manager【**アセンブリ**】タブより 🔗 [**合致**] を 🖱 クリック。

3. Property Manager の「**詳細設定合致（D)**」を 🖱 クリックして**展開**し、〰 [**幅（I）**] を 🖱 クリック。

   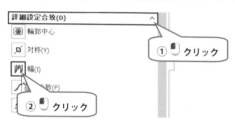

   ① 🖱 クリック

   ② 🖱 クリック

4. 「**合致設定（S)**」の 🔲 「**幅の選択**」の**選択ボックスがアクティブ**になります。

   グラフィックス領域より《🖳 **(固定)Garage**》の《📐 **平面1**》と《📐 **平面2**》、またはグラフィックス領域左上
   の**フライアウトツリー**を ▾ 展開し、《🖳 **(固定)Garage**》の《📐 **平面1**》と《📐 **平面2**》を 🖱 クリック。

   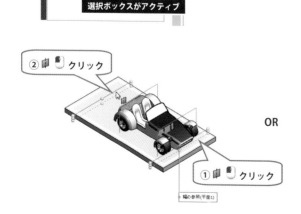

   OR

   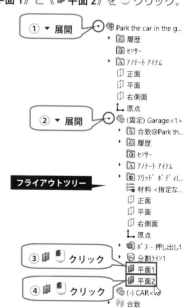

5. 「**合致設定（S）**」の「**タブの選択**」の選択ボックスが**アクティブ**になります。

グラフィックス領域より《 🐢 (-)**Car**》の《 ▦ **平面 1**》と《 ▦ **平面 2**》、またはグラフィックス領域左上の
フライアウトツリーを ▾ 展開し、《 🐢 (-)**Car**》の《 ▦ **平面 1**》と《 ▦ **平面 2**》を 🖑 クリック。

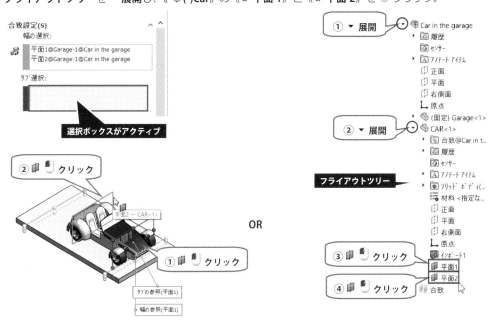

6. 《 🐢 (-)**Car**》が**移動**し、**幅とタブで選択した 2 平面の中心位置が一致**します。

Property Manager の「**拘束**」オプションは、デフォルトで［**中心整列**］が選択されています。

「**合致の整列状態**」の ⊞ ［**整列**］と ⊞ ［**非整列**］で**整列状態を反転**できます。

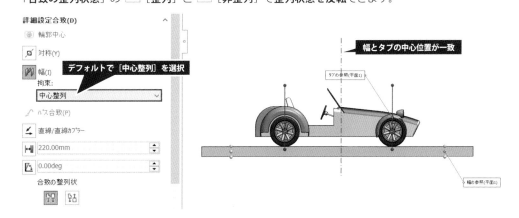

7. Property Manager または**確認コーナー**の ✓ ［**OK**］ボタンを 🖑 クリックして確定します。

8. Property Manager または**確認コーナー**の ✓ ［**OK**］ボタンを 🖑 クリックして 📎 ［**合致**］を終了します。
《 🐢 **Car**》は**完全定義**になります。

9. 《 ⑩ 合致》フォルダーを ▼ 展開します。

《 ⑩ 幅1》を 🖱 クリックし、**コンテキストツールバー**から 🔧 [フィーチャー編集] を 🖱 クリック。

10. **選択セットした平面の範囲でタブを移動**できます。

「拘束」オプションより [**フリー**] を選択し、✓ [**OK**] ボタンを 🖱 クリック。

（※SOLIDWORKS2015 以降の機能です。）

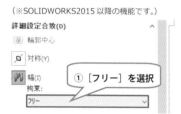

11. Property Manager または**確認コーナー**の ✓ [**OK**] ボタンを 🖱 クリックして 🔗 [**合致**] を終了します。

12. 《 🖐 (-)CAR》は**未定義**になり、🖱 ドラッグすると**選択セットの範囲で移動**できます。

13. 《 ⑩ 幅 1》を 🖱 クリックし、**コンテキストツールバー**から 🔧 [フィーチャー編集] を 🖱 クリック。

14. **選択セットの平面よりオフセットした位置（寸法指示）に配置**できます。（※SOLIDWORKS2015 以降の機能です。）

「拘束」オプションより [**寸法**] を選択し、「端からの距離」に < 2 0 ENTER > と ⌨ 入力します。

タブの「平面 1」が幅の「平面 1」から 20mm オフセットした位置に移動します。

（※プレビューが切り替わらない場合は、一度 [フリー] を選択してから [寸法] を選択してください。）

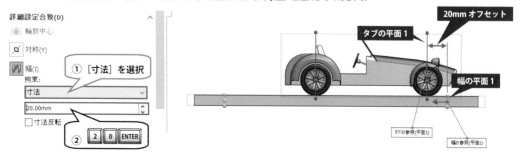

15. 「**寸法反転**」をチェック ON（☑）にすると、**オフセットの基準が「平面 2」に切り替わります。**

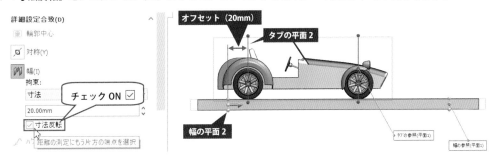

16. Property Manager または**確認コーナー**の ☑ ［**OK**］ ボタンを 🖱 クリックして 📎 ［**合致**］を終了します。
    《🎨 **CAR**》は**完全定義**になります。

17. 《〽 **幅 1**》を 🖱 クリックし、**コンテキストツールバー**から 🖉 ［**フィーチャー編集**］を 🖱 クリック。

18. **選択セットの平面よりオフセットした位置（パーセント指示）に配置できます。**

    （※ SOLIDWORKS2015 以降の機能です。）

    「**拘束**」オプションより［**パーセント**］を選択し、「**端からの距離（パーセント）**」に＜ 5 0 ENTER ＞と
    ⌨ 入力します。**タブの「平面 2」が幅の距離 50 パーセントをオフセットした位置に移動**します。

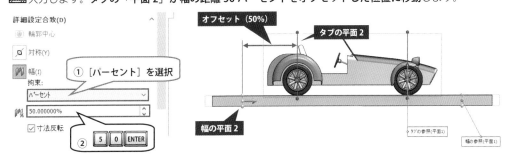

19. 「**0 パーセント**」で**タブ**の「**平面 2**」が幅の「**平面 2**」に**一致**し、「**100 パーセント**」で**タブ**の「**平面 1**」が幅
    の「**平面 1**」に**一致**します。「**寸法反転**」をチェック OFF（☐）にすると、**オフセットの基準が「平面 1」に**
    切り替わります。

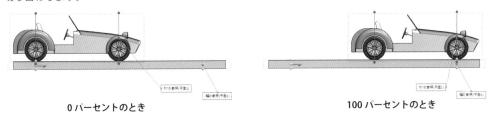

0 パーセントのとき　　　　　　　　　　　　　　　　100 パーセントのとき

20. Property Manager または**確認コーナー**の ☑ ［**OK**］ ボタンを 🖱 クリックして 📎 ［**合致**］を終了します。
    《🎨 **CAR**》は**完全定義**になります。

21. 💾 ［**保存**］にて**上書き保存**し、☒ ［**クローズボックス**］を 🖱 クリックして閉じます。

8.5 パス合致

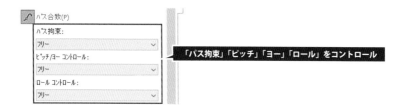 [パス合致] は、構成部品の選択点をスケッチやカーブで作成した曲線上（パス）に拘束します。

8.5.1 パス合致のコントロール

パスに沿って移動する構成部品は、「パス拘束」「ピッチ／ヨー」「ロール」をコントロールできます。

「パス拘束」「ピッチ」「ヨー」「ロール」をコントロール

パス拘束

「パス拘束」オプションは、パスに沿った構成部品の拘束タイプを選択します。

タイプ	説　明
フリー	デフォルトで選択されています。構成部品をパスに沿って移動できます。
パスに沿った距離	パスの端点から指定した距離（寸法）に構成部品の頂点を固定します。 「寸法反転（F）」のチェック ON（☑）／OFF（□）で端点が切り替わります。
パスに沿うパーセント	パスの端点から指定した距離（パーセント）に構成部品の頂点を固定します。 「寸法反転（F）」のチェック ON（☑）／OFF（□）で端点が切り替わります。

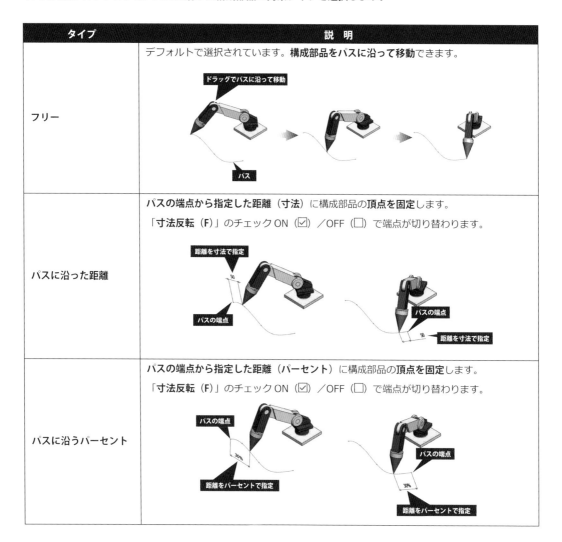

「ピッチ／ヨー」オプションは、**構成部品のピッチおよびヨーのコントロール方法を選択**します。

タイプ	説 明
フリー	デフォルトで選択されています。構成部品のピッチとヨーは拘束されません。
パスに従う	構成部品の軸をパスに正接に拘束します。ラジオボタンで軸（**XYZ のいずれか**）を選択すると、**構成部品の軸がパスに一致（正接）**します。 「**反転（F）**」のチェック ON（☑）／OFF（☐）で構成部品の軸の方向が切り替わります。 **X 軸を選択した場合**、構成部品の **X 軸がパスに正接**し、正接した状態でパスに沿って移動します。 **Y 軸を選択した場合**、構成部品の **Y 軸がパスに正接**し、正接した状態でパスに沿って移動します。 **Z 軸を選択した場合**、構成部品の **Z 軸がパスに正接**し、正接した状態でパスに沿って移動します。

ロール

「**ロール**」オプションは、**構成部品のロールをコントロールする方法を選択**します。

タイプ	説　明
フリー	デフォルトで選択されています。構成部品のロールは拘束されません。
上向きベクトル	**上向きになる方向を指定**し、それに一致する**構成部品の軸を指定して拘束**します。 「**反転（F）**」のチェック ON（☑）／OFF（☐）で構成部品の軸の方向が切り替わります。 **例** ＜設定条件＞ ● 「**ピッチ／ヨー**」：［**パスに従う**］で **X 軸を選択** ● 「**ロール**」：［**上向きベクトル**］で**方向**はアセンブリの《▣**平面**》、**Z 軸を選択** 構成部品の X 軸はアセンブリのパスに正接し、構成部品の Z 軸は《▣**平面**》に対して面直方向になります。 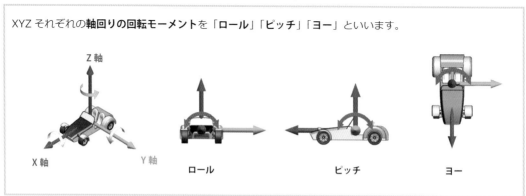 ⚠ ピッチ／ヨーとロールの両方に同じ軸は使用できません。

👉 *POINT* **3 次元ベクトルの回転（ロール／ピッチ／ヨー）**

XYZ それぞれの**軸回りの回転モーメント**を「**ロール**」「**ピッチ**」「**ヨー**」といいます。

8.5.2 *パス合致の追加*

サンプルのアセンブリを使用し、**単一の構成部品をパスに沿って移動**させます。

1. ダウンロードフォルダー｛ **Chapter 8**｝＞｛ **Advanced Mates-4**｝より

   アセンブリファイル｛ **Path Mate**｝を開きます。

   《 **(固定)Ground**》に作成された**パス**（3D スケッチ）に《 **(-)Train**》が**沿って動くように**します。

Path Mate.SLDASM

2. Command Manager 【**アセンブリ**】タブより ![icon] ［**合致**］を クリック。

3. Property Manager の「**詳細設定合致（D）**」を クリックして**展開**し、 ［**パス合致（P）**］を クリック。

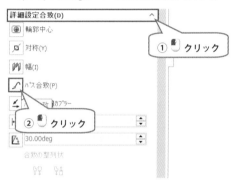

4. 「**合致設定（S）**」の ![icon] 「**構成部品頂点**」の**選択ボックスがアクティブ**になります。

   グラフィックス領域より《 **(-)Train**》に作成された ● **点**を クリックして選択します。

5. 「**合致設定（S）**」の「**パス選択**」の**選択ボックスがアクティブ**になります。

   パスが複数のエンティティで構成される場合は、SelectionManager を使用します。

   SelectionManager を 🖱 クリックし、**クイック合致状況依存ツールバーの** ▢ [**閉じたループ選択**] を
   🖱 クリック。グラフィックス領域より下図に示す ▢ **閉じた 3D スケッチ**を 🖱 クリック。

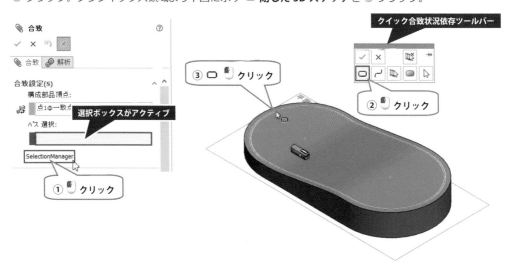

6. **クイック合致状況依存ツールバーの** ☑ [**OK**] ボタンを 🖱 クリックすると、 ▢ **パスと** ● **点が一致**します。

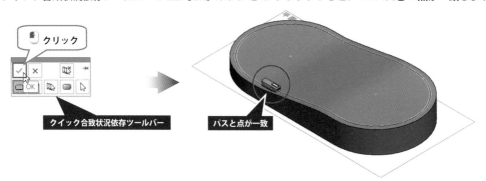

7. 「**ピッチ／ヨー**」は [**パスに従う**] を選択し、「**軸**」は「**X**」を ◉ 選択します。

   《 🖱 (-)Train 》の **X軸がパスに一致**します。

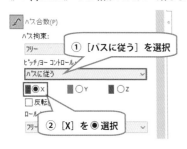
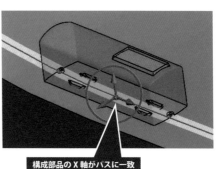

構成部品の X 軸がパスに一致

8. 「**ロール**」は［**上向きベクトル**］、「**軸**」は「**Y**」を◉選択します。

「**平面選択**」の**選択ボックス**が**アクティブ**になるので、グラフィックス領域よりアセンブリの《 □ **平面**》を
🖱 クリックして選択すると、**構成部品の Y 軸**は《 □ **平面**》に対して**面直方向**になります。

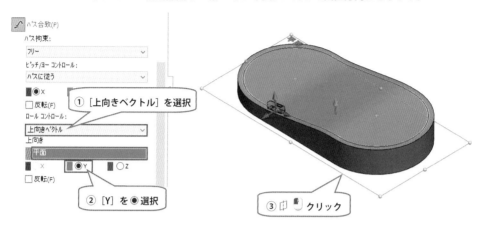

① ［上向きベクトル］を選択
② ［Y］を◉選択
③ □ 🖱 クリック

9. Property Manager または**確認コーナー**の ✓ ［**OK**］ボタンを 🖱 クリックして確定します。

10. Property Manager または**確認コーナー**の ✓ ［**OK**］ボタンを 🖱 クリックして 📎 ［**合致**］を終了します。

11. 《 🐾 (-)Train》を 🖱 ドラッグし、**拘束を保持しながらパスに沿って動くこと**を確認します。

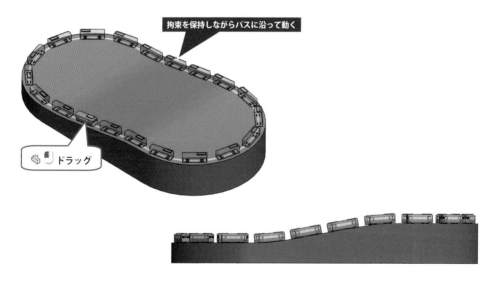

拘束を保持しながらパスに沿って動く

🐾 🖱 ドラッグ

12. 🖫 ［**保存**］にて**上書き保存**し、⊠ ［**クローズボックス**］を 🖱 クリックして閉じます。

8.6　直線／直線カプラー合致

[直線／直線カプラー] は、**2 つの構成部品の移動の比率を指定**します。

作成した合致は、**SOLIDWORKS Motion** で使用可能です。

8.6.1　直線／直線カプラー合致の追加（並進移動）

サンプルのアセンブリを使用し、**並進移動する構成部品に** [直線／直線カプラー] **を追加**します。

1. ダウンロードフォルダー { **Chapter 8**} > { **Advanced Mates-5**} より

   アセンブリファイル { **Linear Coupler Mate-1**} を開きます。

Linear Coupler Mate-1.SLDASM

《 **(固定)Arm-1**》と**未定義**の《 **(-)Arm-2**》と《 **(-)Arm-3**》があります。

《 **(-)Arm-2**》と《 **(-)Arm-3**》には [距離制限] が作成されており、**設定された範囲で並進移動**でき

ます。この **2 つの構成部品に** [直線／直線カプラー] **を追加**します。

（※構成部品を移動した場合、元の位置に戻してください。）

（※SOLIDWORKS2013 以前のバージョンは、**複数**の [距離制限] **がある場合、** [直線／直線カプラー] **を追加**すると**重複定義**します。）

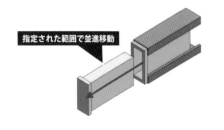

指定された範囲で並進移動

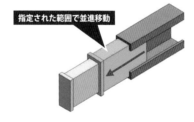

指定された範囲で並進移動

参照　　　8.7 制限合致 (P95)

2. Command Manager 【**アセンブリ**】タブより [**合致**] を クリック。

3. Property Manager の「**詳細設定合致（D）**」を クリックして展開し、 [**直線／直線カプラー**] を

   クリック。

詳細設定合致(D)

輪郭中心

対称(Y)

① クリック

幅(I)

パス合致(P)

直線/直線カプラー

② クリック

4. 「**合致設定（S）**」の１つ目の 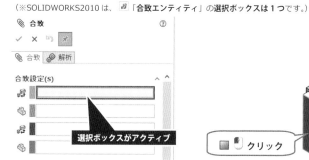 「**合致エンティティ**」の**選択ボックスがアクティブ**になります。

　最初の構成部品とその**移動方向を指定**します。移動方向は**選択面に対して面直**になります。

　グラフィックス領域より下図に示す《 (-)Arm-3 》の ■ **平らな面**を クリックして選択します。

　（※SOLIDWORKS2010 は、 「**合致エンティティ**」の**選択ボックスは１つ**です。）

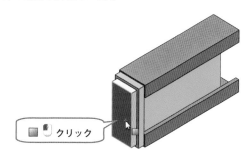

5. 「**合致設定（S）**」の２つ目の  「**合致エンティティ**」の**選択ボックスがアクティブ**になります。

　２つ目の構成部品とその**移動方向を指定**します。グラフィックス領域より下図に示す《 (-)Arm-2 》の

　■ **平らな面**を クリックして選択します。

　「**合致エンティティ１の参照構成部品**」と「**合致エンティティ２の参照構成部品**」は**空白のまま**にします。

　（※モーションは**アセンブリの原点を基準**にします。）

6. **並進移動の比率を入力**します。

　「**最初の比率**」は**最初の構成部品**《 (-)Arm-3 》の**変位**です。< 2 ENTER > と 入力します。

　「**２番目の比率**」は**２つ目の構成部品**《 (-)Arm-2 》の**変位**です。< 1 ENTER > と 入力します。

　「**反対方向**」は、２つ目の構成部品のモーション方向を最初の構成部品を基準に反対にします。

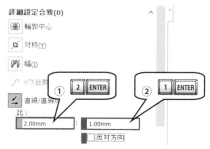

7. Property Manager または**確認コーナー**の ☑ [**OK**] ボタンを 🖱 クリックして確定します。

8. Property Manager または**確認コーナー**の ☑ [**OK**] ボタンを 🖱 クリックして 📎 [**合致**] を終了します。

9. 《 🔧 (-)Arm-3》を 🖱 ドラッグして**移動**し、《 🔧 (-)Arm-2》と 《 🔧 (-)Arm-3》が**設定した変位に基づいて**
並進移動することを**確認**します。

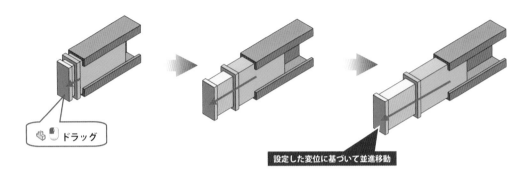

10. 💾 [**保存**] にて**上書き保存**し、☒ [**クローズボックス**] を 🖱 クリックして閉じます。

8.6.2 直線／直線カプラー合致の追加（回転移動）

サンプルのアセンブリを使用し、**回転移動する構成部品に** ⚞ ［**直線／直線カプラー**］**を追加**します。

1. ダウンロードフォルダー {⬡ **Chapter 8**} ＞ {⬡ **Advanced Mates-5**} より
   アセンブリファイル {🐢 **Linear Coupler Mate-2**} を開きます。

Linear Coupler Mate-2.SLDASM

《🐢 (固定)Bending arm-1》 と**未定義**の 《🐢 (-)Bending arm-2》 と 《🐢 (-)Bending arm-3》 があります。
《🐢 (-)Bending arm-3》 には**角度制限合致**が作成されており、**設定された範囲で回転移動**できます。
この2つの構成部品に ⚞ ［**直線／直線カプラー**］**を追加**します。

（※構成部品を移動した場合、元の位置に戻してください。）

（※SOLIDWORKS2013 以前のバージョンは、**複数**の ⊬ ［**距離制限**］**がある場合**、⚞ ［**直線／直線カプラー**］**を追加**すると**重複定義**します。）

指定された範囲で回転移動

参照 ━━━━━ 8.7 制限合致 (P95)

2. Command Manager 【**アセンブリ**】 タブより 🔗 ［**合致**］ を 🖱 クリック。

3. Property Manager の 「**詳細設定合致（D）**」 を 🖱 クリックして**展開**し、⚞ ［**直線／直線カプラー**］ を
   🖱 クリック。

4. 「**合致設定（S）**」 の **1つ目**の 📠 「**合致エンティティ**」 の**選択ボックスがアクティブ**になります。
   グラフィックス領域より下図に示す 《🐢 (-)Bending arm-3》 の ⬜ **平らな面**を 🖱 クリックして選択します。

   （※SOLIDWORKS2010 は、📠 「**合致エンティティ**」 の選択ボックスは 1 つです。）

合致

合致 🔍 解析

合致設定(S)

選択ボックスがアクティブ

⬜ 🖱 **クリック**

5. 「合致設定（S）」の2つ目の 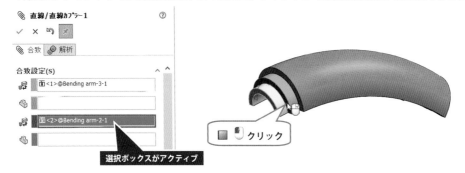 「合致エンティティ」の選択ボックスが**アクティブ**になります。

   グラフィックス領域より下図に示す《 (-)Bending arm-2》の ■ **平らな面**を クリックして選択します。

   「**合致エンティティ1の参照構成部品**」と「**合致エンティティ2の参照構成部品**」は**空白のまま**にします。

6. **回転移動の比率を入力**します。

   「**最初の比率**」は**最初の構成部品**《 (-)Bending arm-3》の**変位**です。< 2 ENTER >と 入力します。

   「**2番目の比率**」は**2つ目の構成部品**《 (-)Bending arm-2》の**変位**です。< 1 ENTER >と 入力します。

   「**反対方向**」は、2つ目の構成部品のモーション方向を最初の構成部品を基準に反対にします。

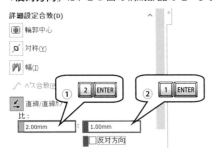

7. Property Manager または**確認コーナー**の ✓ [**OK**] ボタンを クリックして確定します。

8. Property Manager または**確認コーナー**の ✓ [**OK**] ボタンを クリックして [**合致**] を終了します。

9. 《 (-)Bending arm-3》を ドラッグで**移動**し、《 (-)Bending arm -2》と《 (-)Bending arm-3》が
   設定した変位に基づいて回転移動することを確認します。

10. [**保存**] にて**上書き保存**し、 ✕ [**クローズボックス**] を クリックして閉じます。

8.7 制限合致

制限合致には  ［距離制限］と ［角度制限］の２つがあります。

指定した最小距離（または最小角度）と最大距離（または最大角度）の範囲で**構成部品の動きを制限**します。

8.7.1 距離制限合致の追加

サンプルのアセンブリを使用し、**並進移動に最小距離と最大距離を指定して動きを制限する合致を追加**します。

1. ダウンロードフォルダー｛ **Chapter 8**｝＞｛ **Advanced Mates-6**｝より

   アセンブリファイル｛ **Distance Limit Mate**｝を開きます。

   並進移動する《 **(-)Rod**》の**移動範囲**を ［距離制限］を使用して**制限**します。

   （※構成部品を移動した場合、元の位置に戻してください。）

Distance Limit Mate.SLDASM

並進移動

2. Command Manager【**アセンブリ**】タブより ［**合致**］を クリック。

3. Property Manager の「詳細設定合致（D）」を クリックして**展開**し、 ［距離制限］を クリック。

詳細設定合致(D)

- 輪郭中心
- 対称(Y)
- 幅(I)
- パス合致(P)
- 直線/直線カプラー
- 1.00mm

① クリック

② クリック

4. 「**合致設定（S）**」の 「**合致エンティティ**」の**選択ボックスがアクティブ**になります。グラフィックス領域
   より下図に示す《 **(-)Rod**》と《 **(-)Cylinder**》の **平らな面**を クリックして選択します。

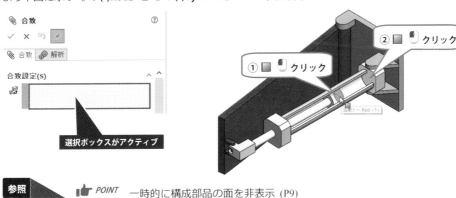

合致

合致　解析

合致設定(S)

選択ボックスがアクティブ

① クリック

② クリック

参照　　👉 POINT　一時的に構成部品の面を非表示 (P9)

5. 「距離」の**入力ボックスがアクティブ**になるので、＜ 3 0 ENTER ＞と⌨入力します。

    2 面間の距離が 30mm になる位置で**プレビュー**します。

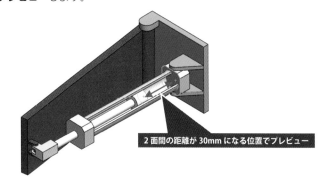

2 面間の距離が 30mm になる位置でプレビュー

6. ⊥「**最大値**」に＜ 6 0 ENTER ＞、⊥「**最小値**」に＜ 1 0 ENTER ＞を⌨入力します。

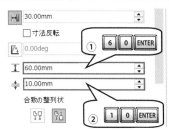

7. Property Manager または**確認コーナー**の ✓ ［**OK**］ボタンを 🖱 クリックして確定します。

8. Property Manager または**確認コーナー**の ✓ ［**OK**］ボタンを 🖱 クリックして 📎 ［**合致**］を終了します。

9. 《🖐 (-)Door》を 🖱 ドラッグし、**設定した最大および最小距離に基づいて**《🖐 Cylinder》が並進移動する
    ことを確認します。

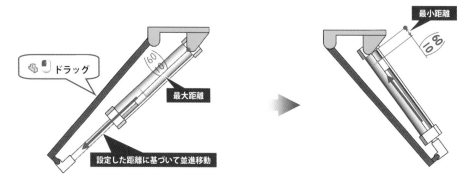

最小距離

🖐 🖱 ドラッグ

最大距離

設定した距離に基づいて並進移動

10. 💾 ［**保存**］にて**上書き保存**し、✕ ［**クローズボックス**］を 🖱 クリックして閉じます。

8.7.2 角度制限合致の追加

サンプルのアセンブリを使用し、**回転移動に最小角度と最大角度を指定して動きを制限する合致を追加**します。

1. ダウンロードフォルダー {🗎 **Chapter 8**} > {📁 **Advanced Mates-7**} より
   アセンブリファイル {🗎 **Angle Limit Mate**} を開きます。

   回転移動する《🗎 **(-)Arm-2**》の**可動範囲**を 📐 ［**角度制限**］を使用して**制限**します。

   （※構成部品を移動した場合、元の位置に戻してください。）

Angle Limit Mate.SLDASM

2. Command Manager【**アセンブリ**】タブより 📎 ［**合致**］を 🖱 クリック。

3. Property Manager の「**詳細設定合致（D）**」を 🖱 クリックして展開し、📐 ［**角度制限**］を 🖱 クリック。

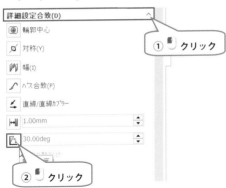

4. 「**合致設定（S）**」の 🖱「**合致エンティティ**」の**選択ボックスがアクティブ**になります。グラフィックス領域
   より下図に示す《🗎 **(-)Arm-2**》と《🗎 **Arm-1**》の 📏 **直線エッジ**を 🖱 クリックして選択します。

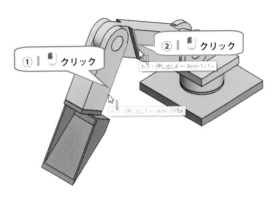

5. 「**角度**」の**入力ボックスがアクティブ**になるので、<4 5 ENTER>と入力します。

   2 エッジ間の角度が 45 度になる位置でプレビューします。

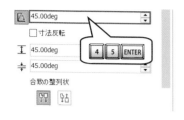

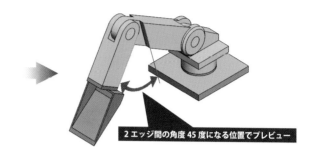

2 エッジ間の角度 45 度になる位置でプレビュー

6. I 「**最大値**」に<9 0 ENTER>、÷ 「**最小値**」に<0 ENTER>を入力します。

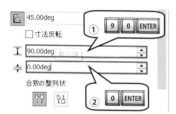

7. Property Manager または**確認コーナー**の ✓ [**OK**] ボタンを クリックして確定します。

8. Property Manager または**確認コーナー**の ✓ [**OK**] ボタンを クリックして [**合致**] を終了します。

9. 《 (-)Arm-2》を ドラッグし、**設定した最大および最小角度に基づいて**《 Arm-2》と《 (-)Bucket》**が回転移動することを確認**します。

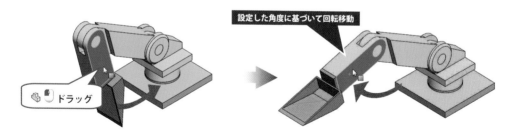

設定した角度に基づいて回転移動

ドラッグ

10. [**保存**] にて**上書き保存**し、× [**クローズボックス**] を クリックして閉じます。

Chapter9

機械的な合致

ダウンロードした CAD データを使用し、各種機械的な合致の追加方法などを説明します。

機械的な合致のタイプ

カムフォロワー合致

▶　*パス作成*

▶　*カムフォロワー合致の追加*

スロット合致

▶　*スロット合致の追加（ストレートスロット）*

▶　*スロット合致の追加（円弧スロット）*

ヒンジ合致

▶　*ヒンジ合致の追加*

▶　*ヒンジの角度制限*

ギア合致

▶　*平歯車の作成*

▶　*ギア合致の追加*

ラックピニオン合致

▶　*ラックギアの作成*

▶　*ラックピニオン合致の追加*

ねじ合致

▶　*ねじ合致の追加*

ユニバーサルジョイント合致

▶　*ユニバーサルジョイント合致の追加*

▶　*接合点定義*

9.1 機械的な合致のタイプ

機械的な合致のタイプには、下表のものがあります。

タイプ	説　明	定義例
⬠ ［カムフォロワー］	構成部品の ■ 円筒面、■ 平面、● 点を一連の正接した ■ 面に一致または正接します。	
⬠ ［スロット］	■ 円筒面または**スロット**の動きを**スロット**内に制限します。 （※SOLIDWORKS2014 以降の機能です。）	
⊞ ［ヒンジ］	同心円と一致の拘束を 1 つの合致で定義できます。	
⬠ ［ギア］	ギア部品の回転に合わせて、もう一方のギア部品を回転させます。**ギア比**は、選択した ○ 円や ■ 円筒面の直径で決まります。	
⬠ ［ラックピニオン］	ギア部品の回転運動をラック部品の並進運動に変換します。	
⬠ ［ねじ］	構成部品がねじのように回転しながら並進移動します。	
⬠ ［ユニバーサルジョイント］	2 つの構成部品の ⁄ 軸を一致させ、お互いに回転させます。	

9.2　カムフォロワー合致

カム輪郭の作成方法と $\boxed{\varnothing}$ ［カムフォロワー］の追加方法について説明します。

9.2.1　パス作成

$\boxed{\circ}$ ［パス作成］は、**スケッチエンティティをパスに変換するツール**です。

これにより**カム輪郭の寸法記入、カムと従動子が正接するモーションの確認**ができます。

閉じたスケッチ輪郭をパスに変換し、パス長を指定してみましょう。

1. ダウンロードフォルダー｛ **Chapter 9**｝＞｛ **Mechanical Mates-1**｝より部品ファイル｛ **Cam Profile**｝
   を開きます。

Cam Profile.SLDPRT

2. **閉じたスケッチエンティティをパスに変換**します。

   メニューバー［**ツール（T）**］＞［**スケッチツール（T）**］＞ $\boxed{\circ}$ ［**パス作成（A）**］を クリック。

3. Property Manager に「**パス**」が表示され、「**選択エンティティ**」の**選択ボックスがアクティブ**になります。

   カム輪郭のエンティティを 右クリックし、メニューより［**チェーン選択（G）**］を クリック。

   （※SOLIDWORKS2013 以前のバージョンは、［チェーン選択（G）］を使用できません。個別に クリックして選択してください。）

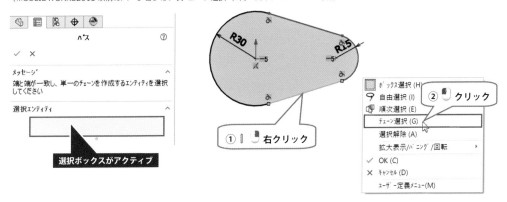

4. Property Manager または**確認コーナー**の ☑ [OK] ボタンを 🖰 クリックして確定します。

5. **カム輪郭**を 🖰 クリックすると、Property Manager に「◯ **パスプロパティ**」が表示されます。
   「**パス長寸法**」の「**駆動アイテム（D）**」をチェック ON（☑）にすると、**グラフィックス領域にパス長寸法が**
   表示され、**パス長寸法が入力可能**になります。（※「**駆動アイテム（D）**」オプションは、SOLIDWORKS2014 以降の機能です。）

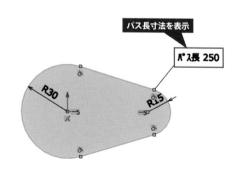

6. ⊥ 「**パス長を設定**」に <②③⓪ ENTER> を ⌨ 入力すると、**パス長寸法が変更**されます。
   Property Manager の ☑ [OK] ボタンを 🖰 クリックして「◯ **パスプロパティ**」を終了します。

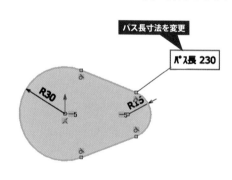

7. 💾 [**保存**] にて**上書き保存**し、☒ [**クローズボックス**] を 🖰 クリックして閉じます。

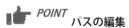 *POINT* **パスの編集**

パスを編集する場合は、次の方法で Property Manager の「**パス**」を表示して行います。

方法 1

グラフィックス領域より**パス**を 🖰 クリックし、Property Manager に「◯ **パスプロパティ**」にある
| パスの編集... | を 🖰 クリックします。

方法 2

グラフィックス領域より**パス**を 🖰 右クリックし、メニューより [**パスの編集（U）**] を 🖰 クリックします。

 [カムフォロワー] は  [正接] または  [一致] の種類の1つです。

構成部品の**円筒面、平面、点を一連のカム輪郭を押し出した曲面に一致または正接**させます。

サンプルのアセンブリを使用し、**カムに従動子が正接する**  [カムフォロワー] を追加します。

1. ダウンロードフォルダー {　Chapter 9} > {　Mechanical Mates-1} より

   アセンブリファイル {　Cam follower} を開きます。

   回転移動する《　(-)Cam》と**並進移動する 3 つの従動子**《　(-)Follower-A》《　(-)Follower-B》

   《　(-)Follower-C》があります。

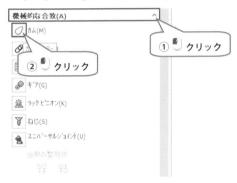

Cam follower.SLDASM

2. Command Manager【アセンブリ】タブより　[合致] を　クリック。

3. Property Manager の「機械的な合致（A)」を　クリックして展開し、　[カム（M)] を　クリック。

4. 「合致設定（S)」の　「カムパス」の選択ボックスがアクティブになります。

   グラフィックス領域より下図に示す《　(-)Cam》の ■ 正接面を　クリックして選択します。

   （※SOLIDWORKS2015 以前のバージョンは、カム曲面で　右クリックし、メニューより [正接の選択（F)] を　クリックします。）

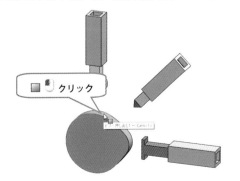

5. 「**合致設定（S）**」の ⚖ 「**カムフォロワー**」の**選択ボックスがアクティブ**になります。

グラフィックス領域より下図に示す《 🐚 (-)Follower-A 》の ■ **円筒面**を 🖑 クリックして選択します。

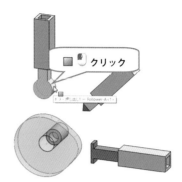

6. 《 🐚 (-)Cam 》の ■ **正接面**と《 🐚 (-)Follower-A 》の ■ **円筒面**が**正接**になります。

Property Manager または**確認コーナー**の ✓ ［**OK**］ ボタンを 🖑 クリックして確定します。

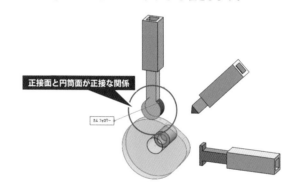

7. 《 🐚 (-)Follower-B 》に ⬦ ［**カムフォロワー**］ を**追加**します。

⚖ 「**カムフォロワー**」の**合致エンティティ**は、《 🐚 (-)Follower-B 》の ● **頂点**を選択します。

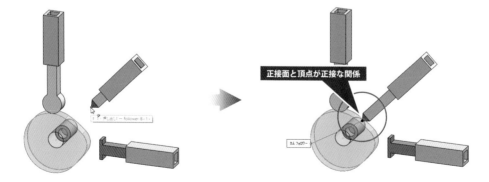

8. 《🖐 (-)Follower-C》に ⊘ [カムフォロワー] を追加します。

　📖「カムフォロワー」の合致エンティティは、《🖐 (-)Follower-C》の ■ 平らな面を選択します。

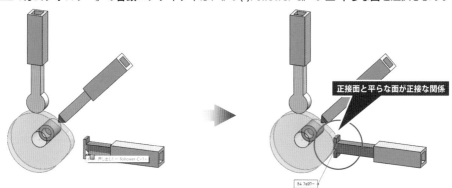

9. Property Manager または確認コーナーの ✓ [OK] ボタンを 🖐 クリックします。

10. 下図のメッセージボックスが表示されます。これはフォロワーの半径より小さい半径のカムがある、または
　　「カムフォロワー」で ■ 平らな面を選択した場合に表示されます。 ☐ OK ☐ を 🖐 クリックして閉じます。

11. Property Manager または確認コーナーの ✓ [OK] ボタンを 🖐 クリックして 📎 [合致] を終了します。

12. 《🖐 (-)Cam》を 🖐 ドラッグし、3 つの従動子との正接を保ちながら回転移動することを確認します。

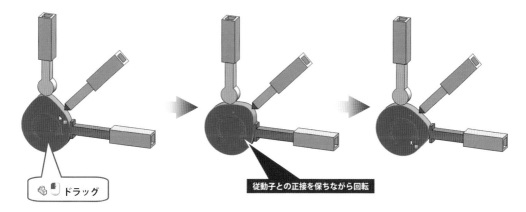

13. 🖫 [保存] にて上書き保存し、☒ [クローズボックス] を 🖐 クリックして閉じます。

9.3 スロット合致

 [スロット] は、ボルト（円筒面）またはスロットの動きをスロット穴内に拘束します。

（※SOLIDWORKS2014 以降の機能です。）

9.3.1 スロット合致の追加（ストレートスロット）

サンプルのアセンブリを使用し、**穴とストレートスロット穴に**  **[スロット] を追加**します。

（※SOLIDWORKS2013 以前のバージョンは ⼈ [一致] や ⊢ [距離制限] を使用してください。）

1. ダウンロードフォルダー { **Chapter 9**} > { **Mechanical Mates-2**} より

   アセンブリファイル { **Slot Mate-1**} を開きます。

   穴の開いた《 (固定)Base》とストレートスロット穴の開いた《 (-)L plate》があります。

   Slot Mate-1.SLDASM

2. Command Manager **【アセンブリ】** タブより [**合致**] を クリック。

3. Property Manager の「**機械的な合致（A）**」を クリックして**展開**し、 [**スロット（O）**] を クリック。

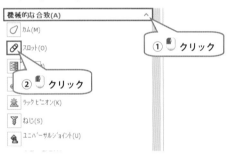

4. 「**合致設定（S）**」の 「**合致エンティティ**」の**選択ボックスがアクティブ**になります。

   グラフィックス領域より下図に示す《 (固定)Base》の ■ **円筒面**と《 (-)L plate》の ■ **スロット面**を
    クリックして選択します。

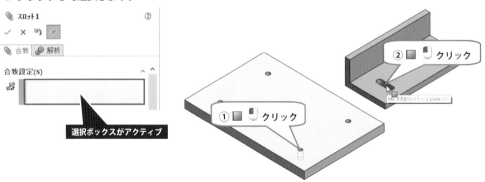

5. 《 🐾 (-)L plate》が**移動**し、**選択した** ▣ **円筒面が** ▣ **スロット面に一致**します。

    「**拘束**」オプションは、デフォルトで選択されている［**フリー**］を使用します。

    Property Manager または**確認コーナー**の ☑ ［**OK**］ボタンを 🖱 クリックして確定します。

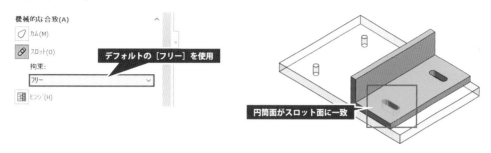

6. 《 🐾 (-)L plate》を 🖱 ドラッグして**移動**し、同様の方法で ⌇ ［**スロット**］**を追加**します。

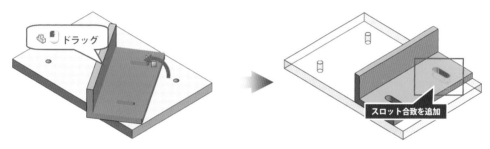

7. Property Manager または**確認コーナー**の ☑ ［**OK**］ボタンを 🖱 クリックして 📎 ［**合致**］を終了します。

8. 《 🐾 (-)L plate》を 🖱 ドラッグし、**ストレートスロットの範囲内で動くことを確認**します。

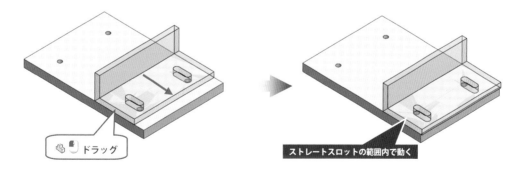

9. 💾 ［**保存**］にて**上書き保存**し、✕ ［**クローズボックス**］を 🖱 クリックして閉じます。

9.3.2 スロット合致の追加（円弧スロット）

サンプルのアセンブリを使用し、**ボルト（円筒面）と円弧スロット穴に** [スロット] **を追加**します。

（※SOLIDWORKS2013 以前のバージョンは、 [同心円] や [角度制限] を使用してください。）

1. ダウンロードフォルダー { **Chapter 9**} > { **Mechanical Mates-2**} より

   アセンブリファイル { **Slot Mate-2**} を開きます。

   ボルト（円筒面）のある《 (固定)Round Base》と円弧スロット穴の開いた《 (-)Rotating plate》があり
   ます。

   Slot Mate-2.SLDASM

2. Command Manager 【**アセンブリ**】 タブより [**合致**] を クリック。

3. Property Manager の「**機械的な合致（A）**」を クリックして**展開**し、 [**スロット（O）**] を クリック。

4. 「**合致設定（S）**」の 「**合致エンティティ**」の**選択ボックスがアクティブ**になります。

   グラフィックス領域より下図に示す《 (-)Rotating plate》の ■ **スロット面**と《 (固定)Round Base》の
   ■ **円筒面**を クリックして選択します。

   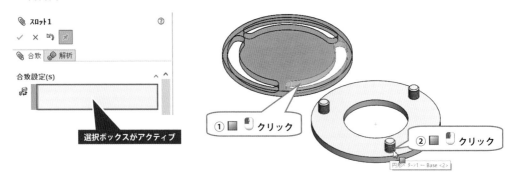

5. 《 (-)Rotating plate》が**移動**し、**選択した** ■ **円筒面**が ■ **スロット面に一致**します。

   「**拘束**」オプションは、デフォルトで選択されている [**フリー**] を使用します。

   Property Manager または**確認コーナー**の [**OK**] ボタンを クリックして確定します。

6. 同様の方法で 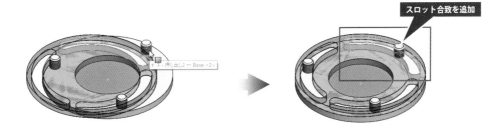 [スロット] を追加します。

スロット合致を追加

7. Property Manager または**確認コーナー**の ☑ [**OK**] ボタンを クリックして ◎ [**合致**] を終了します。

8. 《 (-)Rotating plate》 を ドラッグし、**円弧スロットの範囲内で動くことを確認**します。

ドラッグ

円弧スロットの範囲内で動く

9. 🖫 [**保存**] にて**上書き保存**し、☒ [**クローズボックス**] を クリックして閉じます。

👍 POINT スロット合致の拘束タイプ

スロット合致の「**拘束**」**オプション**には、次の **4 つのタイプ**があります。

タイプ	説 明
フリー	スロット内で構成部品を自由に動かせるようにします。
スロットの中心	構成部品をスロットの中心に配置します。
スロットに沿った距離	スロットの終端から指定された距離に構成部品の軸を配置します。
スロット長に対するパーセント	スロット長のパーセントで指定された距離に構成部品の軸を配置します。

9.4 ヒンジ合致

 [ヒンジ] は  [同心円] と  [一致] を1つの合致で定義できます。

9.4.1 ヒンジ合致の追加

サンプルのアセンブリを使用し、**ヒンジ部品に同心円と一致拘束を追加**します。

1. ダウンロードフォルダー {　**Chapter 9**} ＞ {　**Mechanical Mates-3**} より

   アセンブリファイル {**Hinge Mate-1**} を開きます。

   《(-)Hinge plate<2>》に  [ヒンジ] を追加します。

Hinge Mate-1.SLDASM

2. Command Manager【**アセンブリ**】タブより [**合致**] を クリック。

3. Property Manager の「**機械的な合致（A）**」を クリックして展開し、 [**ヒンジ（H）**] を クリック。

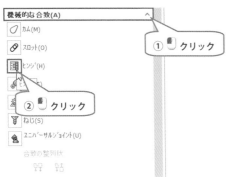

4. 「**合致設定（S）**」の 「**同心円選択**」の選択ボックスが**アクティブ**になります。

   グラフィックス領域より下図に示す《(-)Hinge plate<2>》の 円筒面と《(固定)Hinge plate<1>》の 円筒面を クリックして選択します。

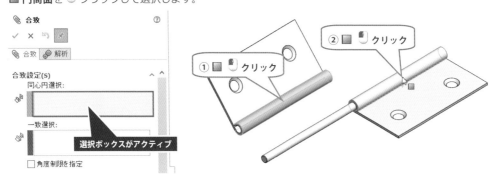

5. 「合致設定（S）」の 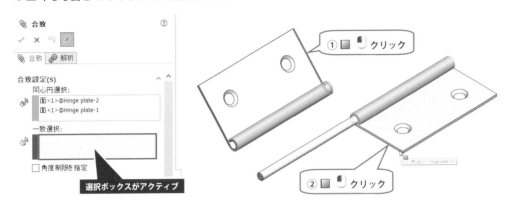「一致選択」の選択ボックスがアクティブになります。

グラフィックス領域より下図に示す《🦎(-)Hinge plate<2>》の ■ 平らな面と《🦎(固定)Hinge plate<1>》
の ■ 平らな面を クリックして選択します。

6. Property Manager または**確認コーナー**の ☑ [**OK**] ボタンを クリックして確定します。

7. Property Manager または**確認コーナー**の ☑ [**OK**] ボタンを クリックして 🔗 [**合致**] を終了します。

8. 《🦎(-)Hinge plate<2>》を ドラッグし、**面の一致と回転を確認**します。

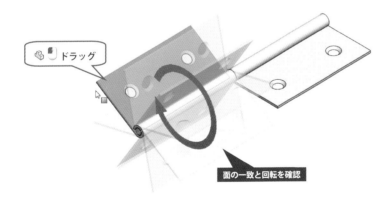

9. 🖫 [**保存**] にて**上書き保存**し、☒ [**クローズボックス**] を クリックして閉じます。

サンプルのアセンブリを使用し、 [ヒンジ] の「角度制限を指定」オプションを説明します。

[角度制限] のように**最大角度と最小角度を指定して可動範囲を制限**できます。

1. ダウンロードフォルダー { **Chapter 9**} > { **Mechanical Mates-3**} より

   アセンブリファイル {**Hinge Mate-2**} を開きます。

   《 **(-)Arm-2**》に**角度を範囲指定して** [ヒンジ] を追加します。

   Hinge Mate-2.SLDASM

2. Command Manager 【**アセンブリ**】タブより [**合致**] を クリック。

3. Property Manager の「**機械的な合致（A）**」を クリックして**展開**し、 [**ヒンジ（H）**] を クリック。

4. 「**合致設定（S）**」の 「**同心円選択**」の選択ボックスがアクティブになります。

   グラフィックス領域より下図に示す《 **(-)Arm-2**》の 円筒面と《 **(-)Arm-1**》の 円筒面を
    クリックして選択します。

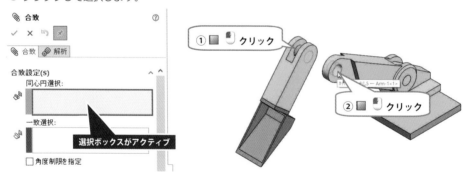

5. 「**合致設定（S）**」の 「**一致選択**」の選択ボックスがアクティブになります。

   グラフィックス領域より下図に示す《 **(-)Arm-2**》の 平らな面と《 **(-)Arm-1**》の 平らな面を
    クリックして選択します。

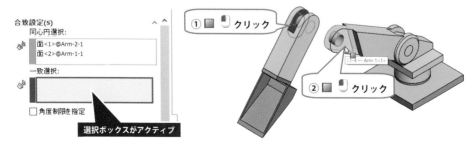

6. 「**角度制限を指定**」をチェック ON（☑）にすると、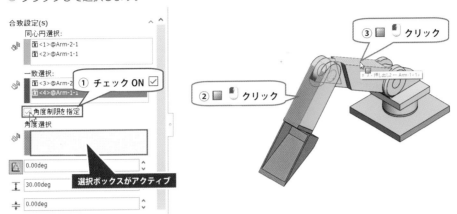「**角度選択**」の選択ボックスが**アクティブ**になります。グラフィックス領域より下図に示す《🐾(-)Arm-2》の ■ **平らな面**と《🐾(-)Arm-1》の ■ **平らな面**を 🖱 クリックして選択します。

7. ⊥「**最大値**」に<⓪ ENTER Enter>、÷「**最小値**」に< - ① ③ ⓪ ENTER >を ⌨ 入力します。

（※回転方向が反転した場合、最大角度に<130>、最小角度に<0>を指定してください。）

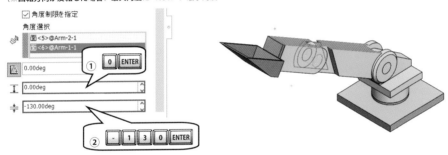

8. Property Manager または**確認コーナー**の ☑ [**OK**] ボタンを 🖱 クリックして確定します。

9. Property Manager または**確認コーナー**の ☑ [**OK**] ボタンを 🖱 クリックして 📎 [**合致**] を終了します。

10. 《🐾(-)Arm-2》を 🖱 ドラッグし、**設定した最大および最小角度に基づいて回転移動することを確認**します。

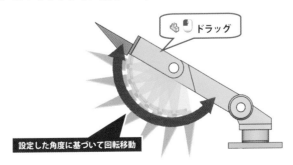

11. 🖫 [**保存**] にて**上書き保存**し、☒ [**クローズボックス**] を 🖱 クリックして閉じます。

9.5 ギア合致

[ギア] は、1つ目のギア部品の回転に合わせて、もう一方のギア部品を回転させます。
ここでは、ギア部品（平歯車）の作成と [ギア] の追加方法について説明します。

9.5.1 平歯車の作成

SOLIDWORKS Toolbox Library を使用すると、ボルトやナット、軸受や歯車などの機械要素を部品として作成できます。新規部品で平歯車を作成してみましょう。

1. 標準ツールバーの [オプション] 右の ・ を クリックし、メニューより [アドイン] を クリック。
   またはタスクパネルの [デザインライブラリ] にある [Toolbox] を クリックして表示される
   [今アドイン] を クリック。（※ 今アドインでは、『アドイン』ダイアログは表示されません。）

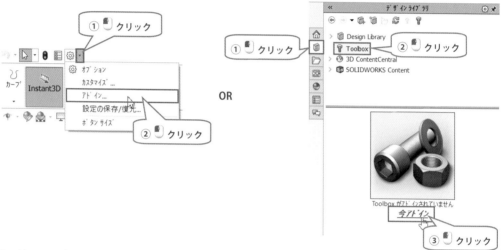

2. 『アドイン』ダイアログが表示されます。

   [SOLIDWORKS Toolbox Library] と [SOLIDWORKS Toolbox Utilities] をチェック ON（☑）にします。
   OK を クリックすると SOLIDWORKS Toolbox をロードして使用可能にします。

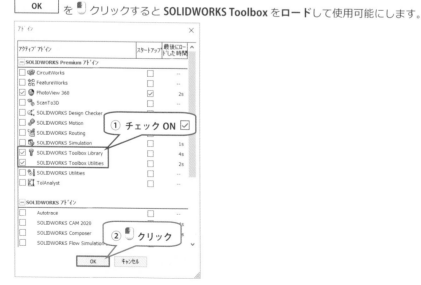

3. **デザインライブラリ**から**構成部品のタイプを選択**します。

[🔑 **Toolbox**] > [▣ **JIS**] > [▾ **伝動**] を ∨ 展開し、[▾ **歯車**] を 🖱 クリック。

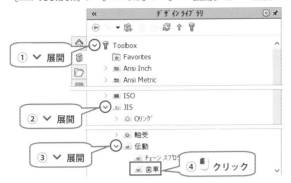

4. 利用可能な部品の**イメージ**と**説明**がタスクパネルの下部に表示されます。

「**平歯車**」を 🖱 右クリックし、メニューより [**部品作成**] を 🖱 クリック。

5. グラフィックス領域に**平歯車が表示**され、Property Manager に「**構成部品のコンフィギュレーション**」が表示されます。ここでは**平歯車のモジュールや歯数などの諸元を設定**します。

「**モジュール**」は [**2**]、「**歯数**」は [**15**] を選択し、「**歯幅**」に <1 0 ENTER> と ⌨ 入力します。

✓ [**OK**] ボタンを 🖱 クリックすると、**平歯車が部品として作成**されます。

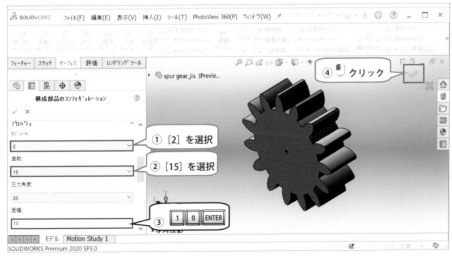

6. 💾 [**保存**] にて**任意の名前で保存**し、✕ [**クローズボックス**] を 🖱 クリックして閉じます。

サンプルのアセンブリを使用し、**複数の歯車部品との間に**  [ギア] **を追加**します。

1. ダウンロードフォルダー{ Chapter 9}>{ Mechanical Mates-4}よりアセンブリファイル{ Gear Mate}
   を開きます。**3 つのギア部品**《 (-)Gear Z10》《 (-)Gear Z20》《 (-)Gear Z30》があります。
   部品ごとに表示されている**円エンティティ**は、**歯車の基礎円**です。

2. Command Manager【**アセンブリ**】タブより [合致] を クリック。

3. Property Manager の「**機械的な合致（A）**」を クリックして展開し、 [**ギア（G）**] を クリック。

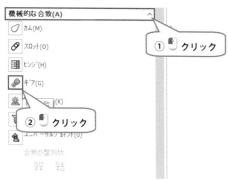

4. 「**合致設定（S）**」の 「**合致エンティティ**」の**選択ボックスがアクティブ**になります。
   グラフィックス領域より下図に示す《 (-)Gear Z10》の ○ **円エンティティ**と《 (-)Gear Z20》の
   ○ **円エンティティ**を クリックして選択します。

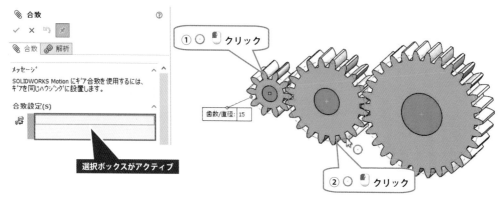

5. 「**歯数**」には、選択した**円の直径値を表示**します。この**円の直径比がギア比**になります。
   「**反対方向**」は、**ギアの回転方向を反転**できます。

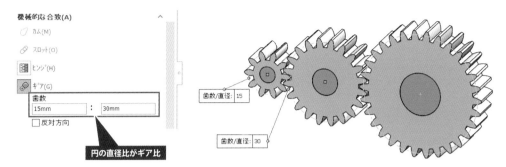

6. Property Manager または**確認コーナー**の ☑ [**OK**] ボタンを 🖱 クリックして確定します。

7. 同様の方法で《 🔩 (-)Gear Z20》と《 🔩 (-)Gear Z30》にも 🔗 [**ギア**] を追加します。

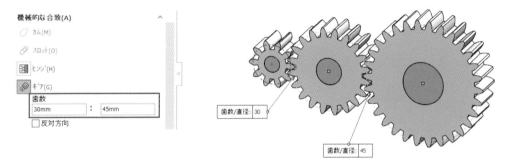

8. Property Manager または**確認コーナー**の ☑ [**OK**] ボタンを 🖱 クリックして 🔗 [**合致**] を終了します。

9. 《 🔩 (-)Gear Z10》を 🖱 ドラッグして**回転**し、《 🔩 (-)Gear Z20》と《 🔩 (-)Gear Z30》の**歯がかみ合いながら回転することを確認**します。

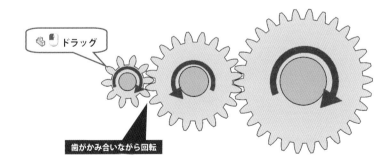

10. 🖫 [**保存**] にて**上書き保存**し、☒ [**クローズボックス**] を 🖱 クリックして閉じます。

9.6 ラックピニオン合致

[ラックピニオン] は、1つ目の歯車部品の回転に合わせ、ラックギアを並進移動させます。

ここでは、ラックギアの作成と [ラックピニオン] の追加方法について説明します。

9.6.1 ラックギアの作成

SOLIDWORKS Toolbox Library を使用し、新規部品でラックギアを作成してみましょう。

1. ［SOLIDWORKS Toolbox Library］と［SOLIDWORKS Toolbox Utilities］をアドインします。

   参照 9.5.1 平歯車の作成 (P114)

2. デザインライブラリから構成部品のタイプを選択します。

   ［Toolbox］ > ［JIS］ > ［伝動］を ∨ 展開し、［歯車］を クリック。

3. 「ラック」を 右クリックし、メニューより［部品作成］を クリック。

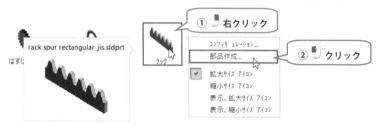

4. グラフィックス領域にラックギアが表示され、Property Manager に「構成部品のコンフィギュレーション」が表示されます。「モジュール」は ［2］、「歯幅」に < 1 0 ENTER >、「ピッチ高さ」に < 1 0 ENTER > 「長さ」に < 1 0 0 ENTER > と 入力します。

   [OK] ボタンを クリックすると、ラックギアが部品として作成されます。

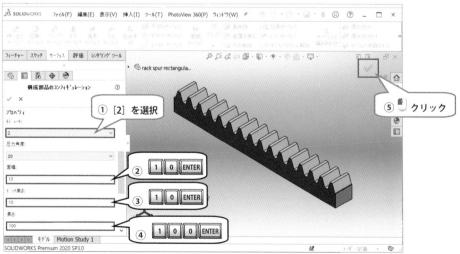

5. ［保存］にて任意の名前で保存し、 ［クローズボックス］を クリックして閉じます。

サンプルのアセンブリを使用し、**ギアとラックギアに**  ［ラックピニオン］**を追加**します。

1. ダウンロードフォルダー｛📁 **Chapter 9**｝>｛📁 **Mechanical Mates-5**｝より

   アセンブリファイル｛🍴**Rack and Pinion Mate**｝を開きます。

   《🍴(-)Gear》と《🍴(-)Rack》に  ［ラックピニオン］**を追加**します。

Rack and Pinion Mate.SLDASM

2. Command Manager【アセンブリ】タブより 📎 ［合致］を 🖱 クリック。

3. Property Manager の「**機械的な合致（A）**」を 🖱 クリックして展開し、 ［**ラックピニオン（K）**］

   を 🖱 クリック。

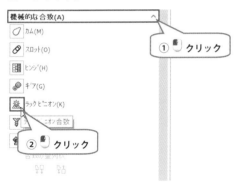

4. 「**合致設定（S）**」の 📐 「**ラック**」の**選択ボックスがアクティブ**になります。グラフィックス領域より下図に

   示す《🍴(-)Rack》の 📏 **直線エンティティ**を 🖱 クリックして選択します。

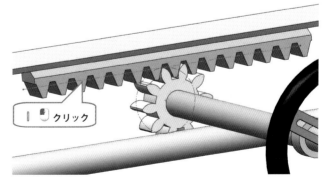

5. 「**合致設定（S）**」の「**ピニオン／ギア**」の**選択ボックスがアクティブ**になります。

グラフィックス領域より下図に示す《 🐌 (-)**Gear**》の ◯ **円エンティティ**を 🖱 クリックして選択します。

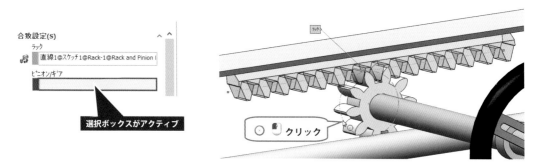

6. デフォルトでは「**ピニオンピッチ直径**」が ◉ 選択され、「**直径**」には選択した**円の直径値を表示**します。

「**ラック移動／回転**」を ◉ 選択すると、**ピニオンギア1回転あたりのラックギアの移動距離を設定**できます。

「**反対方向**」をチェック ON（☑）にし、**ギアの回転方向を反転**します。

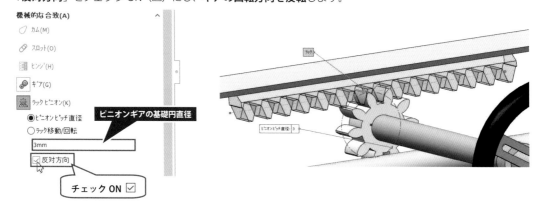

7. Property Manager または**確認コーナー**の ☑ [**OK**] ボタンを 🖱 クリックして確定します。

8. Property Manager または**確認コーナー**の ☑ [**OK**] ボタンを 🖱 クリックして 🔗 [**合致**] を終了します。

9. 《 🐌 (-)**ハンドル**》を 🖱 ドラッグして**回転**し、《 🐌 (-)**ラックギア**》が**並進移動することを確認**します。

10. 🖬 [**保存**] にて**上書き保存**し、☒ [**クローズボックス**] を 🖱 クリックして閉じます。

9.7 ねじ合致

 ［ねじ］は、2つの構成部品に同心円拘束と回転毎に並進移動する拘束を追加します。

9.7.1 ねじ合致の追加

サンプルのアセンブリを使用し、**ねじ部品に**  ［ねじ］を追加します。

ダウンロードフォルダー {　**Chapter 9**} ＞ {　**Mechanical Mates-6**} より

アセンブリファイル {　**Screw Mate**} を開きます。《　**(-)Screw rod**》に  ［ねじ］を追加します。

Screw Mate.SLDASM

1. Command Manager【**アセンブリ**】タブより　［**合致**］を　クリック。

2. Property Manager の「**機械的な合致（A）**」を　クリックして展開し、 ［**ねじ（S）**］を　クリック。

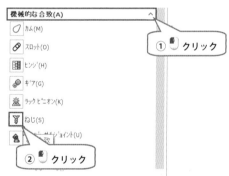

3. 「**合致設定（S）**」の　「**合致エンティティ**」の**選択ボックスがアクティブ**になります。

　グラフィックス領域より下図に示す《　**(固定)Body**》の ■ **円筒面**と《　**(-)Screw rod**》の ■ **円筒面**を
　クリックして選択します。

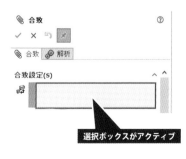

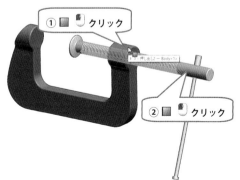

4. **ねじ運動の設定タイプ**には「回転数／mm」と「距離／回転数」があります。

- 「回転数／mm」は、**1mm 並進移動したときの回転数を指定**します。
- 「距離／回転数」は、**ねじ部品 1 回転あたりの並進移動する距離を設定**します。

「距離／回転数」を ◉ 選択し、< [1] [.] [5] [ENTER] > と ⌨ 入力します。
「**反対方向**」をチェック ON（☑）にし、**回転方向を右回り**にします。

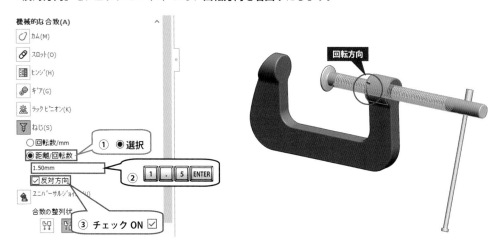

5. Property Manager または**確認コーナー**の ☑ [**OK**] ボタンを 🖱 クリックして確定します。

6. Property Manager または**確認コーナー**の ☑ [**OK**] ボタンを 🖱 クリックして 🔗 [**合致**] を終了します。

7. 《🖐 (-)Hand rod》を 🖱 ドラッグし、《🖐 (-)Screw rod》が**回転しながら並進移動することを確認**します。
《🖐 (-)Screw rod》の**並進移動する範囲**は、⟷ [**距離制限**] **により制限**されています。

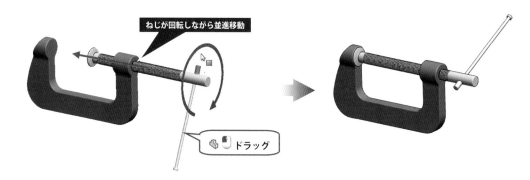

8. 🖫 [**保存**] にて**上書き保存**し、☒ [**クローズボックス**] を 🖱 クリックして閉じます。

9.8 ユニバーサルジョイント合致

[ユニバーサルジョイント] は、2 つの構成部品の軸を一致させてお互いに回転させます。

9.8.1 ユニバーサルジョイント合致の追加

サンプルのアセンブリを使用し、**同一直線上にある 2 つの構成部品をお互いに回転**させます。

1. ダウンロードフォルダー { **Chapter 9**} > { **Mechanical Mates-7**} より

   アセンブリファイル { **Universal joint Mate-1**} を開きます。

   2 つの《 (-)Joint-1》に [ユニバーサルジョイント] を追加します。

Universal joint Mate-1.SLDASM

2. Command Manager【**アセンブリ**】タブより [**合致**] を クリック。

3. Property Manager の「**機械的な合致（A）**」を クリックして展開し、 [**ユニバーサルジョイント（U）**]
   を クリック。

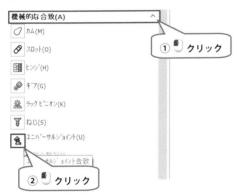

4. 「**合致設定（S）**」の 「**合致エンティティ**」の選択ボックスが**アクティブ**になります。

   グラフィックス領域より下図に示す **2 つの《 (-)Joint-1》の 円筒面**を クリックして選択します。

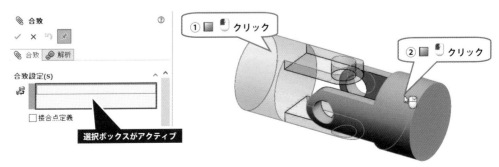

5. Property Manager または**確認コーナー**の ☑ [**OK**] ボタンを 🖱 クリックして確定します。

6. Property Manager または**確認コーナー**の ☑ [**OK**] ボタンを 🖱 クリックして 🖇 [**合致**] を終了します。

7. 《 🖇 (-)Joint-1》を 🖱 ドラッグして**回転**し、もう片方の《 🖇 (-)Joint-1》が**同期して回転することを確認**します。

8. 🖫 [**保存**] にて**上書き保存**し、☒ [**クローズボックス**] を 🖱 クリックして閉じます。

サンプルのアセンブリを使用し、**同一直線上にない 2 つの構成部品をお互いに回転**させます。

「接合点定義」オプションを使用し、軸上にある点を接合点に指定します。

1. ダウンロードフォルダー { **Chapter 9**} > { **Mechanical Mates-7**} より

   アセンブリファイル { **Universal joint Mate-2**} を開きます。

   2 つの《 **(-)Joint-2**》**に** 🔩 **[ユニバーサルジョイント] を追加**します。

Universal joint Mate-2.SLDASM

2. Command Manager 【**アセンブリ**】タブより 🔗 [**合致**] を 🖱 クリック。

3. Property Manager の「**機械的な合致（A）**」を 🖱 クリックして**展開**し、🔩 [**ユニバーサルジョイント（U）**] を 🖱 クリック。

4. 「**合致設定（S）**」の 🔗 「**合致エンティティ**」の**選択ボックスがアクティブ**になります。

   グラフィックス領域より下図に示す **2 つの**《 **(-)Joint-2**》の ■ **円筒面**を 🖱 クリックして選択します。

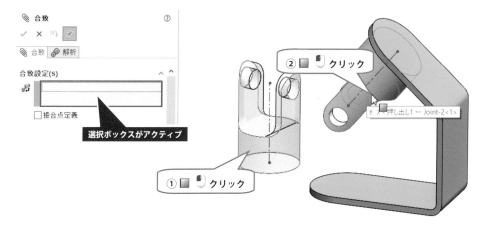

5. 「**接合点定義**」をチェック ON（☑）にすると、「**自在継手ポイント**」の**選択ボックスがアクティブ**になります。

6. 下図に示す《 (-)Joint》にある**中心線の上側端点**を クリックすると、**自動的に接合点にスナップ**します。

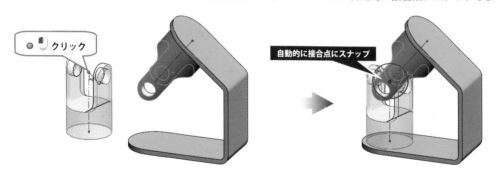

7. Property Manager または**確認コーナー**の ✓ [**OK**] ボタンを クリックして確定します。

8. Property Manager または**確認コーナー**の ✓ [**OK**] ボタンを クリックして [**合致**] を終了します。

9. 《 (-)Joint-2》を ドラッグして**回転**すると、《 (-)Joint-2》が**同時に同じ回数を回転**します。

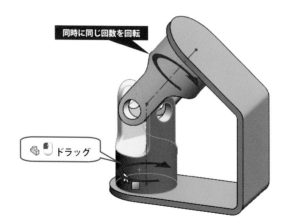

10. [**保存**] にて**上書き保存**し、✕ [**クローズボックス**] を クリックして閉じます。

Chapter10

構成部品のパターン化

ダウンロードした CAD データを使用し、構成部品をパターン化する方法を説明します。

パターン化のタイプ

構成部品パターン（直線パターン）

▶ 直線パターンの追加（間隔と個数を指定）

▶ 直線パターンの追加（参照アイテム指定）

▶ シードのみパターン化

▶ スキップするインスタンス

構成部品パターン（円形パターン）

▶ 円形パターンの追加（等間隔で角度と個数を指定）

▶ 円形パターンの追加（等間隔に対称配置）

パターン駆動構成部品パターン

▶ パターン駆動構成部品パターンの追加

▶ 穴ウィザードフィーチャーの使用

スケッチ駆動構成部品パターン

▶ スケッチ駆動構成部品パターンの追加

▶ 3D スケッチを使用したパターン

カーブ駆動構成部品パターン

▶ カーブ駆動構成部品パターンの追加

▶ 曲面に正接したカーブ駆動パターン

構成部品のチェーンパターン

▶ チェーンパターンのタイプ

▶ チェーンパターンの作成（距離）

▶ チェーンパターンの作成（連結距離）

▶ チェーンパターンの作成（連結）

構成部品のミラー

▶ 構成部品のミラーコピー

▶ 反対側バージョンの作成

10.1 パターン化のタイプ

構成部品のパターン化のタイプには、下表のものがあります。

タイプ	説　明
[構成部品パターン（直線パターン）]	構成部品を**直線状に**パターン化します。
[構成部品パターン（円形パターン）]	構成部品を**円形状に**パターン化します。
[パターン駆動構成部品パターン] （※SOLIDWORKS2013以前は［**フィーチャー駆動構成部品パターン**］という名前です。）	既存の**パターンフィーチャー**に基づいて構成部品をパターン化します。
[スケッチ駆動構成部品パターン] （※SOLIDWORKS2014以降の機能です。）	スケッチ内の**点エンティティ**を使用して構成部品をパターン化します。
[カーブ駆動構成部品パターン] （※SOLIDWORKS2014以降の機能です。）	選択した**カーブ**に沿わせて構成部品をパターン化します。
[構成部品のチェーンパターン] （※SOLIDWORKS2015以降の機能です。）	**パスに沿ってリンク部品を**パターン化します。
[構成部品のミラー]	構成部品を**ミラーコピー**して新しい構成部品を**追加**します。

10.2 構成部品パターン（直線パターン）

[構成部品パターン（直線パターン）] は、**構成部品を直線状にパターン化して配置**します。

10.2.1 直線パターンの追加（間隔と個数を指定）

サンプルのアセンブリを使用し、**構成部品を 2 方向に距離と個数を指定して直線状にコピー**します。

1. ダウンロードフォルダー｛ **Chapter 10**｝＞｛ **Component Pattern-1**｝より
   アセンブリファイル｛ **Linear Pattern-1**｝を開きます。《 **Piece**》を**パターン化**します。

Linear Pattern-1.SLDASM

2. Command Manager【アセンブリ】タブより [構成部品パターン（直線パターン）] を クリック。

3. Property Manager に「 **直線パターン**」を表示します。「**方向 1**」の「**パターン方向**」の**選択ボックスが
   アクティブ**で、「**間隔とインスタンス（S）**」が◉選択されています。
   グラフィックス領域より下図に示す《 **(固定)Base-1**》の **直線エッジ**を クリックして選択します。
   表示される**ハンドル**（グレーの矢印）は、**パターン化する方向**を示しています。
   [反対方向] を クリックすると、**ハンドルの方向を反転**できます。

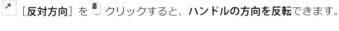

4. 「**方向2**」の「**パターン方向**」の**選択ボックスがアクティブ**になります。

グラフィックス領域より下図に示す《 **(固定)Base-1**》の ▮ **直線エッジ**を 🖱 クリックして選択します。

↗ [**反対方向**] を 🖱 クリックして、**ハンドルの方向を反転**させます。

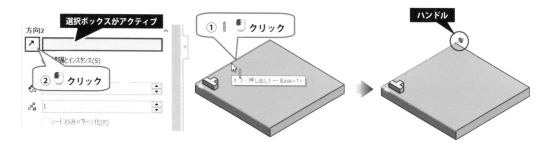

5. 「**パターン化する構成部品（C）**」の**選択ボックスがアクティブ**になります。

グラフィックス領域より《 **Piece**》の ▮ **任意の面**を 🖱 クリックして選択します。

6. 「**方向1**」の 「**間隔**」に＜ 2 5 ENTER ＞、 「**インスタンス数**」に＜ 4 ENTER ＞と入力します。

この設定でインスタンス（パターン化される構成部品）を**プレビュー**します。

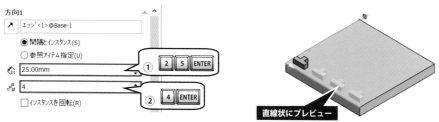

7. 「**方向2**」の 「**間隔**」に＜ 2 5 ENTER ＞、 「**インスタンス数**」に＜ 4 ENTER ＞と入力します。

この設定でインスタンスを **2方向にプレビュー**します。

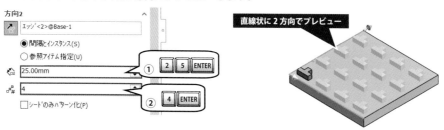

8. Property Manager または**確認コーナー**の ☑ [**OK**] ボタンを 🖱 クリックして確定します。

9. Feature Manager デザインツリーの**最下部**に《🔡 **ローカル直線パターン 1**》が**追加**されます。

   🔲 [**フィーチャー編集**] にて**個数や距離などのパラメータを編集**できます。

   《🔡 **ローカル直線パターン 1**》を ▼ 展開し、**コピーした構成部品（インスタンス）があることを確認**します。

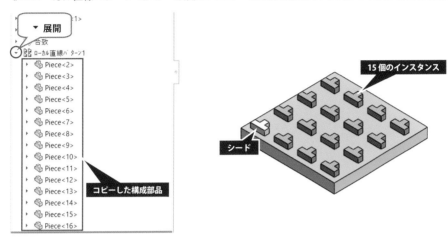

10. 💾 [**保存**] にて**上書き保存**し、☒ [**クローズボックス**] を 🖱 クリックして閉じます。

「**インスタンスを回転（R）**」オプションは、**選択した軸を中心に指定した角度でインスタンスを回転**できます。
「**間隔とインスタンス（S）**」を◉選択した場合のみ使用可能です。

「**インスタンスを回転（R）**」をチェックON（☑）にすると、⟳「**回転軸**」の選択ボックスがアクティブになります。**回転中心の軸となるエンティティを選択**します。（※下図は∥**直線エッジ**を🖱 クリックして選択しています。）

⬆「**角度**」には、**インスタンスの角度の増減値を**⌨入力します。

インスタンスごとに**角度を増分してパターン化**します。

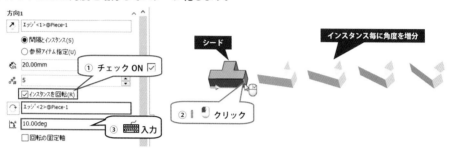

「**回転の固定軸**」をチェックON（☑）にすると、**パターン化の方向に角度付け**をします。

インスタンスの距離はシードからの絶対値で、**インスタンス毎に角度を増分**します。

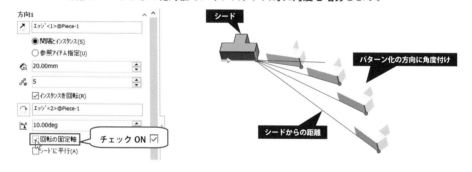

「**シードに平行（A）**」オプションは、「**回転の固定軸**」をチェックON（☑）にした場合に使用できます。

「**シードに平行（A）**」をチェックON（☑）にすると、**各インスタンスの整列状態をシードと同じ**にします。

「**参照点**」は「**境界ボックスの中心**」または「**構成部品の原点**」から選択します。

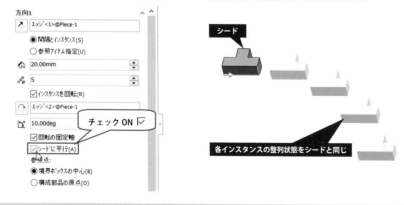

10.2.2 直線パターンの追加（参照アイテム指定）

サンプルのアセンブリを使用し、**構成部品を 1 方向に距離または個数を指定して直線状にコピー**します。

パターン化するインスタンスの数は、**選択した参照アイテムを上限として抑制**します。

（※SOLIDWORKS2019 以降の機能です。）

1. ダウンロードフォルダー｛ **Chapter 10**｝＞｛ **Component Pattern-1**｝より

   アセンブリファイル｛ **Linear Pattern-2**｝を開きます。《 **Piece**》を**パターン化**します。

Linear Pattern-2.SLDASM

2. Command Manager【**アセンブリ**】タブより ［**構成部品パターン（直線パターン）**］を クリック。

3. Property Manager に「 **直線パターン**」を表示します。

   「**方向 1**」の「**パターン方向**」の選択ボックスが**アクティブ**です。

   グラフィックス領域より下図に示す《 **(固定)Base-2**》の 直線エッジを クリックして選択します。

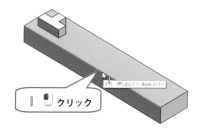

クリック

4. 「**方向 1**」の「**参照アイテム指定（U）**」を 選択すると、 「**参照ジオメトリ**」の**選択ボックスがアクティ**
   ブになります。グラフィックス領域より下図に示す《 **(固定)Base-2**》の 平らな面を クリックして選
   択します。**この面がパターン化の境界（上限）**になります。

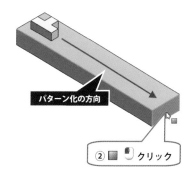

① ● 選択

選択ボックスがアクティブ

パターン化の方向

② クリック

5. 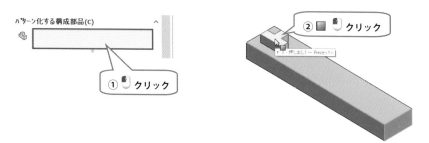 「**パターン化する構成部品（C）**」の**選択ボックス**を クリックして**アクティブ**にします。

グラフィックス領域より《 **Piece**》の ■ **任意の面**を クリックして選択します。

6. デフォルトでは「**間隔設定**」が オンになっており、**インスタンスを間隔（距離）が設定**できます。

「**方向 1**」の 「**間隔**」に＜ 2 0 ENTER ＞と 入力します。

《 **Piece**》が **20mm ピッチで参照アイテムとして選択した面までプレビュー**します。

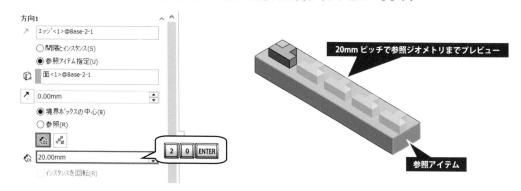

7. **インスタンスの個数を指定してコピー**できます。

[**インスタンス数の設定**] を クリックして オンにし、 「**間隔**」に＜ 5 ENTER ＞と 入力します。《 **Piece**》が **等間隔に 5 個プレビュー**します。

デフォルトでは「**境界ボックスの中心（B）**」が 選択されており、**シードのコピー基準はボックスの中心**になります。一番右の《 **Piece**》の**境界ボックスの中心が参照アイテムとして選択した面に一致**します。

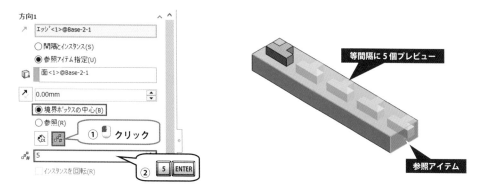

8. **シードのコピー基準をユーザー定義の位置に変更**できます。

　「**参照（R）**」を◉選択し、グラフィックス領域より下図に示す《🔧 **Piece**》の◉**頂点**を🖱 クリックして選択します。

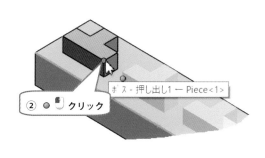

　一番右の《🔧 **Piece**》の**参照点**が**参照アイテムとして選択した面に一致**します。

9. 「**方向 1**」の「**オフセット距離**」に＜ 5 ENTER ＞と⌨ 入力します。

　「**参照アイテム指定（U）**」で**指定した面から 5mm オフセットした位置がパターンの上限**になります。

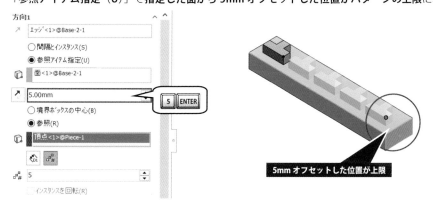

10. Property Manager または**確認コーナー**の ✓ ［**OK**］ ボタンを 🖱 クリックして確定します。

11. 💾 ［**保存**］にて**上書き保存**し、✕ ［**クローズボックス**］を 🖱 クリックして閉じます。

「**シードのみパターン化**」オプションは、**方向1のパターンを複製することなく、方向2に直線パターンを作成**できます。サンプルのアセンブリを使用し、**構成部品を1列1行にパターン化**します。

1. ダウンロードフォルダー {　**Chapter 10**} > {　**Component Pattern-1**} より
   アセンブリファイル {　**Linear Pattern-3**} を開きます。《　**Piece**》を**パターン化**します。

Linear Pattern-3.SLDASM

2. Command Manager【**アセンブリ**】タブより 　[**構成部品パターン（直線パターン）**]を　クリック。

3. Property Manager に「　**直線パターン**」を表示します。
   「**方向1**」の「**パターン方向**」の**選択ボックスがアクティブ**です。
   グラフィックス領域より下図に示す《　**(固定)Base-3**》の　**直線エッジ**を　クリックして選択します。

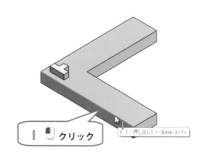

4. 「**方向2**」の「**パターン方向**」の**選択ボックスがアクティブ**になります。
   グラフィックス領域より下図に示す《　**(固定)Base-3**》の　**直線エッジ**を　クリックして選択します。
   　[**反対方向**]を　クリックして、**ハンドルの方向を反転**させます。

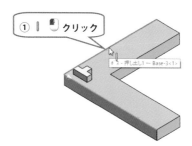

5. 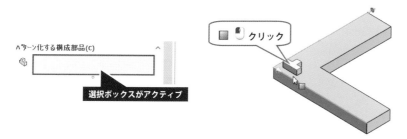 「**パターン化する構成部品（C）**」の選択ボックスが**アクティブ**になります。

   グラフィックス領域より《 🐾 **Piece**》の ■ **任意の面**を 👆 クリックして選択します。

6. 「**方向1**」の 🔧 「**間隔**」に＜ 2 5 ENTER ＞、 🔲 「**インスタンス数**」に＜ 4 ENTER ＞と ⌨ 入力します。

   「**方向2**」の 🔧 「**間隔**」に＜ 2 5 ENTER ＞、 🔲 「**インスタンス数**」に＜ 4 ENTER ＞と ⌨ 入力します。

   この設定でインスタンス（パターン化される構成部品）を**プレビュー**します。

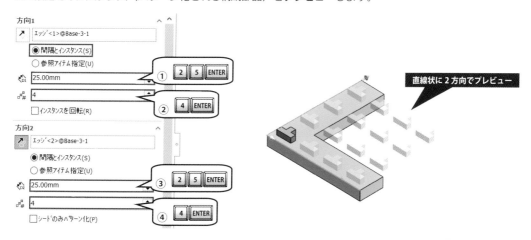

7. 「**シードのみパターン化（P）**」をチェック ON（☑）にすると、**インスタンスを1行1列にプレビュー**します。

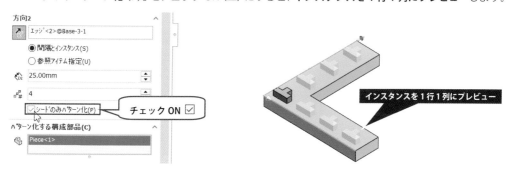

8. Property Manager または**確認コーナー**の ☑ ［**OK**］ボタンを 👆 クリックして確定します。

9. 💾 ［**保存**］にて**上書き保存**し、 ✕ ［**クローズボックス**］を 👆 クリックして閉じます。

POINT 両側方向の直線パターン

方向1と方向2の方向が平行でシードを両方にパターン化する場合、「**シードのみパターン化**」オプションを
使用してください。これにより**インスタンスの重複を防止**します。

「**方向1**」の「**パターン方向**」と「**方向2**」の「**パターン方向**」は、**平行で逆方向に設定**します。

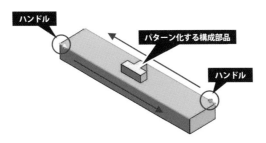

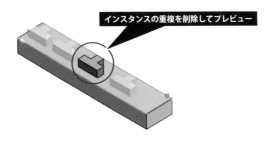「**パターン化する構成部品（C）**」で構成部品を選択し、「**間隔**」と 「**インスタンス数**」を入力
します。下図はわかりやすいように「**方向1**」と「**方向2**」の 「**間隔**」の値を変えています。
インスタンスはプレビューで重複します。

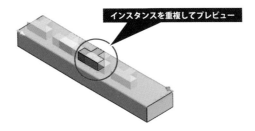

「**シードのみパターン化（P）**」をチェック ON（☑）にすると、**インスタンスの重複を削除してプレビュー**
します。

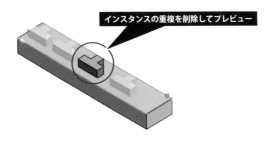

10.2.4 スキップするインスタンス

「**スキップするインスタンス**」オプションは、**パターン化したインスタンスを個別に選択して除外**します。

1. ダウンロードフォルダー{ **Chapter 10**}＞{ **Component Pattern-1**}より

   アセンブリファイル{ **Linear Pattern-4**}を開きます。**パターン化されたインスタンスの一部を除外**します。

Linear Pattern-4.SLDASM

2. Feature Manager デザインツリーの《 **ローカル直線パターン 1**》を クリックし、

   コンテキストツールバーから [**フィーチャー編集**] を クリック。

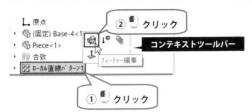

3. 「**スキップするインスタンス（S）**」の**選択ボックス**を クリックして**アクティブ**にします。

   グラフィックス領域のパターン化されたインスタンスごとに**ピンク色の選択円が表示**されます。

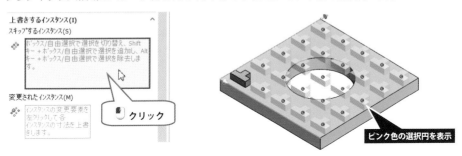

4. **選択円**を クリックするとメニューが表示されるので、[**インスタンスをスキップ（A）**] を クリックするとスキップされます。（※SOLIDWORKS2019 以前のバージョンは、**選択円**の クリックで**スキップ**します。）

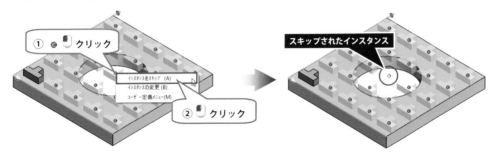

5. **スキップしたインスタンスを復元する場合**は、 ⊖ **選択円**を 🖱 クリックするとメニューが表示されるので、
   [**インスタンススキップ解除（A）**] を 🖱 クリック。

   （※SOLIDWORKS2019 以前のバージョンは、⊖**選択円**の🖱クリックで**スキップ解除**します。）

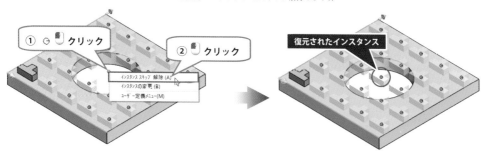

6. **ボックス選択でスキップまたはスキップの復元**ができます。

   下図に示す範囲で**ボックス選択**すると、**範囲内のインスタンスがスキップ**されます。

   （※SOLIDWORKS2017 以降の機能です。）

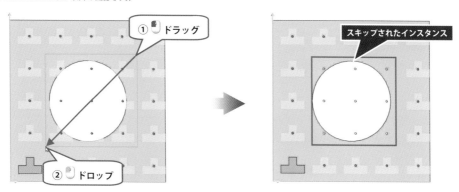

7. Property Manager または**確認コーナー**の ✓ [**OK**] ボタンを 🖱 クリックして確定します。

   《 🖑 **(固定)Base-3**》 の**穴を回避**して 《 🖑 **Piece**》 を配置できました。

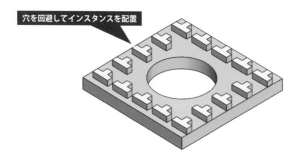

8. 🖫 [**保存**] にて**上書き保存**し、☒ [**クローズボックス**] を 🖱 クリックして閉じます。

POINT 変更されたインスタンス

「**変更されたインスタンス**」オプションは、**パターン化したインスタンスを個別に配置変更**します。

（※SOLIDWORKS2020 以降の機能です。）

1. ⚫選択円を 🖱 クリックするとメニューが表示されるので、[**インスタンスの変更（B）**] を 🖱 クリック。

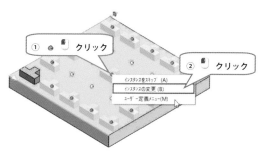

2. **上書き入力の吹き出し**が表示されます。

    「**シードからの距離**」は、**シードからの絶対値を正の値**で ⌨入力します。

    「**基準からのオフセット**」は、**インスタンスの基準位置に対する相対値**を ⌨入力します。

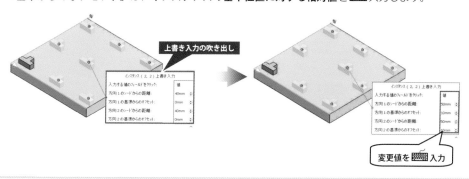

 POINT フレキシブルなアセンブリ構成部品の移動同期化

シードがフレキシブル状態のアセンブリの場合、「**フレキシブルなアセンブリ構成部品の移動同期化**」
オプションを使用すると**シードとインスタンスの構成部品の移動を同期**します。

（※SOLIDWORKS2016 以降の機能です。）

「**オプション（O）**」の「**フレキシブルなアセンブリ構成部品の移動同期化**」をチェック ON（☑）にして
パターンフィーチャーを作成します。**シードの構成部品の移動がインスタンスにも反映**されます。

10.3 構成部品パターン（円形パターン）

⊞ ［構成部品パターン（円形パターン）］は、**構成部品を円形状にパターン化して配置**します。

10.3.1 円形パターンの追加（等間隔で角度と個数を指定）

サンプルのアセンブリを使用し、**構成部品を円形状に等間隔でコピー**します。

1. ダウンロードフォルダー｛ 📁 **Chapter 10**｝＞｛ 📁 **Component Pattern-2**｝より

   アセンブリファイル｛🔩**Circular Pattern-1**｝を開きます。《 🔩 **Piece**》を**パターン化**します。

Circular Pattern-1.SLDASM

2. Command Manager【**アセンブリ**】タブより ⊞ ［構成部品パターン（直線パターン）］下の ⌄ を

   🖱 クリックして**展開**し、⊞ ［構成部品パターン（円形パターン）］を 🖱 クリック。

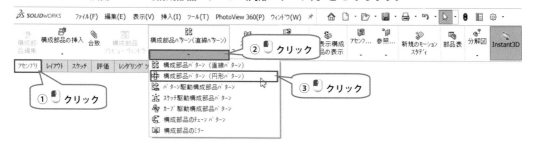

3. Property Manager に「⊞ **円形パターン**」を表示します。

   🔩「**パターン化する構成部品（C）**」の**選択ボックスがアクティブ**です。

   グラフィックス領域より《 🔩 **Piece**》の ■ **任意の面**を 🖱 クリックして選択します。

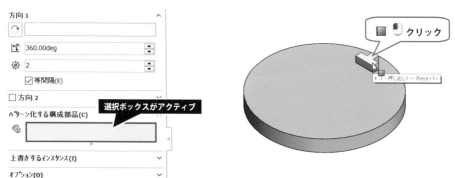

4. 「**方向1**」の「**パターン軸**」の選択ボックスを 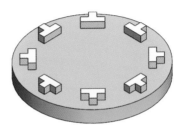 クリックして**アクティブ**にします。

グラフィックス領域より下図に示す《 🔩 **(固定)Circle Base**》の ⫽ **円エッジ**を クリックして選択します。

5. 「**等間隔（E）**」をチェック ON（☑）にし、📐「**角度**」に＜ ３ ６ ０ ENTER ＞、🌼「**インスタンス数**」に
＜ ８ ENTER ＞と ⌨ 入力します。この設定でインスタンス（パターン化される構成部品）を**プレビュー**します。
「**スキップするインスタンス（S）**」「**変更されたインスタンス（M）**」「**フレキシブルなアセンブリ構成部品の
移動同期化**」が**使用可能**です。

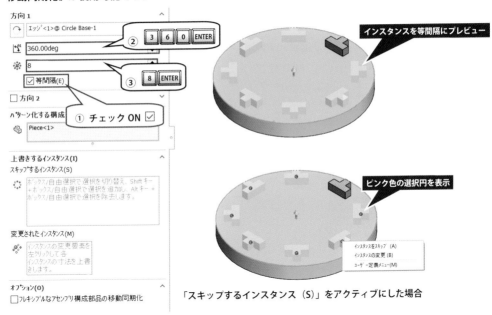

6. Property Manager または**確認コーナー**の ☑［**OK**］ボタンを クリックして確定します。

7. 💾［**保存**］にて**上書き保存**し、✕［**クローズボックス**］を クリックして閉じます。

サンプルのアセンブリを使用し、**構成部品を円形状に等間隔で対称配置**します。

1. ダウンロードフォルダー {　Chapter 10} > {　Component Pattern-2} より
   アセンブリファイル {　Circular Pattern-2} を開きます。《　Piece》を**パターン化**します。

Circular Pattern-2.SLDASM

2. Command Manager 【アセンブリ】タブより　[構成部品パターン（直線パターン）] 下の　を
   クリックして**展開**し、　[構成部品パターン（円形パターン）] を　クリック。

3. Property Manager に「　**円形パターン**」を表示します。
   　「**パターン化する構成部品（C）**」の**選択ボックス**が**アクティブ**です。
   グラフィックス領域より《　Piece》の　**任意の面**を　クリックして選択します。

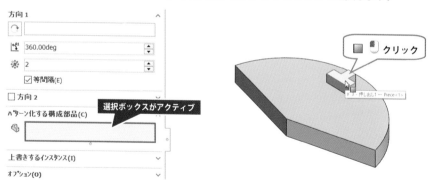

4. 「**方向1**」の「**パターン軸**」の選択ボックスを　クリックして**アクティブ**にします。
   グラフィックス領域より下図に示す《　(固定)Arc Base》の　**円弧エッジ**を　クリックして選択します。

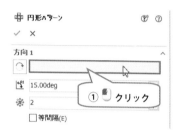

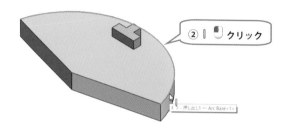

5. 「**等間隔（E）**」をチェック OFF（□）にし、🔼「**角度**」に＜ 3 0 ENTER ＞、

   ❄️「**インスタンス数**」に＜ 3 ENTER ＞と⌨️入力します。

   この設定でインスタンス（パターン化される構成部品）を**プレビュー**します。

   ↻［**反対方向**］を🖱️クリックすると、**ハンドルの方向を反転**できます。

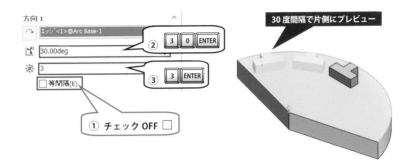

6. 「**方向2**」をチェック ON（☑）にし、「**対称**」をチェック ON（☑）にします。

   反対側にも対称にインスタンスをプレビューします。

   「**スキップするインスタンス（S）**」で**インスタンスのスキップが可能**です。

   （※「**方向2**」オプションは、SOLIDWORKS2019 以降の機能です。）

   （※SOLIDWORKS2018 以前のバージョンは、**反対方向のパターンを作成**、または ［**構成部品のミラー**］を使用します。）

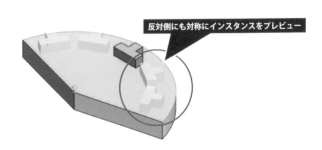

7. Property Manager または**確認コーナー**の ✓ ［**OK**］ボタンを🖱️クリックして確定します。

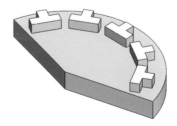

8. 💾［**保存**］にて**上書き保存**し、✕［**クローズボックス**］を🖱️クリックして閉じます。

10.4 パターン駆動構成部品パターン

[パターン駆動構成部品パターン]は、既存のパターンフィーチャーに基づいて構成部品をパターン化します。

10.4.1 パターン駆動構成部品パターンの追加

構成部品内に作成されたパターンフィーチャーを使用して構成部品をパターン化します。

1. ダウンロードフォルダー {📁 Chapter 10} > {📁 Component Pattern-3} より

   アセンブリファイル {🐧 Pattern Driven-1} を開きます。《🐧 Piece》をパターン化します。

Pattern Driven-1.SLDASM

2. Command Manager【アセンブリ】タブより [構成部品パターン（直線パターン）] 下の ⌄ を

   🖱 クリックして展開し、 [パターン駆動構成部品パターン] を 🖱 クリック。

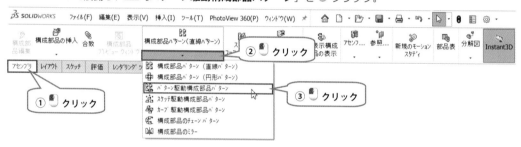

3. Property Manager に「 パターン駆動」を表示します。

   🐧「パターン化する構成部品（C）」の選択ボックスがアクティブです。

   グラフィックス領域より《🐧 Piece》の ■ 任意の面を 🖱 クリックして選択します。

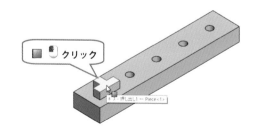

4. 「**駆動フィーチャーまたは構成部品（D）**」の  「**駆動フィーチャー／構成部品**」の選択ボックスを

    クリックして**アクティブ**にします。

   グラフィックス領域より下図に示す《  **(固定)Pattern base-1**》の ■ **穴の円筒面**を  クリックして選択します。この**穴**は  [**直線パターン**] により作成されています。

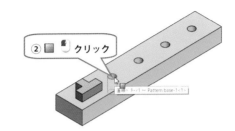

5. 選択した**パターンフィーチャー**より位置情報を**取得**し、**インスタンスをプレビュー**します。

   「**スキップするインスタンス（I）**」で**インスタンスのスキップが可能**です。

   Property Manager または**確認コーナー**の  [**OK**] ボタンを  クリックして確定します。

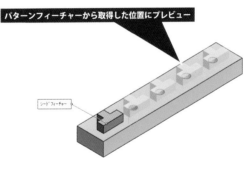

6. 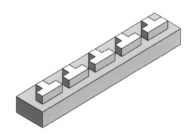 [**保存**] にて**上書き保存**し、 [**クローズボックス**] を クリックして閉じます。

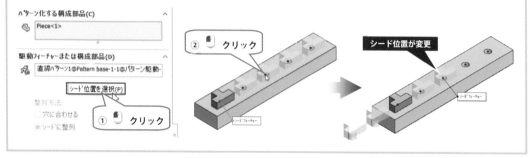

👍 POINT　シード位置を選択

シードの位置が一致していない場合、構成部品のシードの位置を変更できます。

「駆動フィーチャーまたは構成部品（D)」の シード位置を選択(P) を 🖱 クリックすると、グラフィックス領域のインスタンスに青色の選択円が表示されます。●選択円を 🖱 クリックするとシード位置が変更されます。

👍 POINT　駆動フィーチャーによりスキップ

🔲「駆動フィーチャーまたは構成部品（D)」で選択したパターンフィーチャーでスキップが使用されている場合、🔹「駆動フィーチャーによりスキップ（D)」にスキップしたインスタンスが表示されます。

（※SOLIDWORKS2016以降の機能です。）

👍 POINT　構成部品レベル表示プロパティを継続

「オプション（O)」の「構成部品レベルの表示プロパティを継続（G)」をチェック ON（☑）にすると、アセンブリ内で設定したシードの表示プロパティをインスタンスにコピーします。

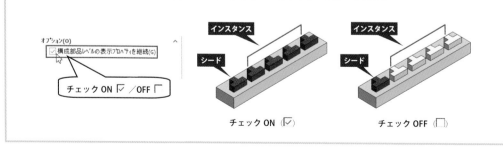

10.4.2 穴ウィザードフィーチャーの使用

穴ウィザードフィーチャーを駆動フィーチャーとして使用できます。

（※SOLIDWORKS2020 以降の機能です。以前のバージョンは、 [スケッチ駆動構成部品パターン] などを使用してください。）

1. ダウンロードフォルダー｛ **Chapter 10**｝＞｛ **Component Pattern-3**｝より
   アセンブリファイル｛ **Pattern Driven-2**｝を開きます。《 **Piece**》を**パターン化**します。

Pattern Driven-2.SLDASM

2. Command Manager【**アセンブリ**】タブより [**構成部品パターン（直線パターン）**] 下の を
   クリックして**展開**し、 [**パターン駆動構成部品パターン**] を クリック。

3. Property Manager に「 **パターン駆動**」を表示します。
   「**パターン化する構成部品（C）**」の**選択ボックスがアクティブ**です。
   グラフィックス領域より《 **Piece**》の 任意の面を クリックして選択します。

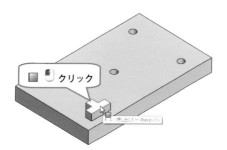

4. 「**駆動フィーチャーまたは構成部品（D）**」の 「**駆動フィーチャー／構成部品**」の**選択ボックス**を
   クリックして**アクティブ**にします。
   グラフィックス領域より下図に示す《 **(固定)Pattern base-2**》の 穴の円筒面を クリックして選択しま
   す。この**穴**は [**穴ウィザード**] により作成されています。

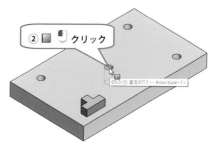

5. 選択した**穴ウィザードフィーチャー**より位置情報を取得し、**インスタンスをプレビュー**します。

「**整列方法**」オプションでは、**インスタンスの整列方法を**◉**選択**します。

（※このモデルでは、「穴に合わせる」「シードに整列」どちらを選択しても**同じ整列状態**になります。）

- 「**穴に合わせる**」は、**インスタンスを穴ウィザードフィーチャーに整列**させます。
- 「**シードに整列**」は、**インスタンスをシードに整列**させます。

「**スキップするインスタンス（I）**」で**インスタンスのスキップが可能**です。

Property Manager または**確認コーナー**の ✓ [**OK**] ボタンを 🖱 クリックして確定します。

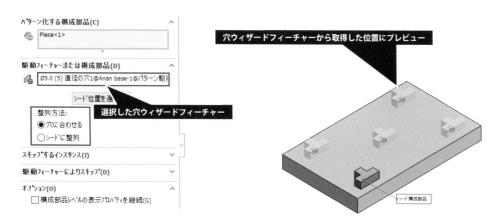

6. 💾 [**保存**] にて**上書き保存**し、⊠ [**クローズボックス**] を 🖱 クリックして閉じます。

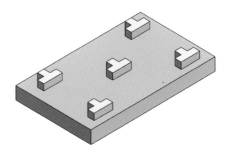

10.5 スケッチ駆動構成部品パターン

[スケッチ駆動構成部品パターン]は、スケッチ内の点エンティティを使用して構成部品をパターン化します。

（※SOLIDWORKS2014 以降の機能です。）

10.5.1 スケッチ駆動構成部品パターンの追加

構成部品内に作成された**スケッチ内の点エンティティを使用して構成部品をパターン化**します。

1. ダウンロードフォルダー｛ **Chapter 10**｝＞｛ **Component Pattern-4**｝より
   アセンブリファイル｛ **Sketch Driven-1**｝を開きます。《 **Piece**》を**パターン化**します。

Sketch Driven-1.SLDASM

2. Command Manager【アセンブリ】タブより [構成部品パターン（直線パターン）] 下の を
   クリックして**展開**し、 [スケッチ駆動構成部品パターン] を クリック。

3. Property Manager に「 **スケッチ駆動パターン**」を表示します。
   「**選択アイテム（S）**」の 「**参照スケッチ**」の選択ボックスが**アクティブ**です。
   《 **(固定)Base-1**》の《 **配置位置**》をグラフィックス領域または**フライアウトツリー**より クリックし
   て選択します。このスケッチに作成されている**点エンティティにインスタンスを配置**します。

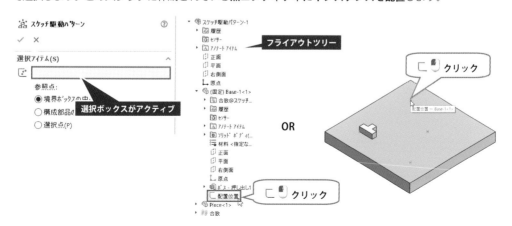

4. 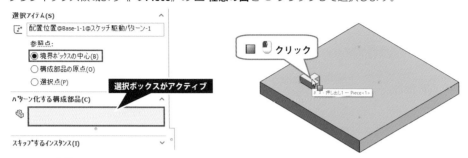「**パターン化する構成部品（C）**」の選択ボックスが**アクティブ**になります。

グラフィックス領域より《 Piece》の ■ **任意の面**を クリックして選択します。

選択した 「**参照スケッチ**」の情報を取得し、**インスタンスをプレビュー**します。

「**参照点**」オプションは、デフォルトで「**境界ボックスの中心（B）**」が◉選択されています。

シード構成部品のボックス中心を基準点にコピー配置します。

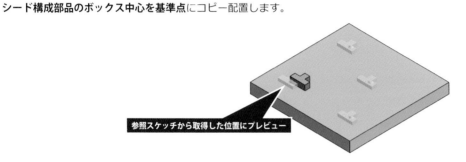

5. 「**参照点**」オプションの「**構成部品の原点（O）**」を◉選択します。

シードの基準点が構成部品の原点になることで、**インスタンスの原点と点エンティティが一致**します。

「**スキップするインスタンス（I）**」で**インスタンスのスキップが可能**です。

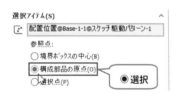

6. Property Manager または**確認コーナー**の [**OK**] ボタンを クリックして確定します。

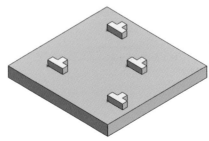

7. [**保存**] にて上書き保存し、 [**クローズボックス**] を クリックして閉じます。

構成部品内に作成された **3D スケッチ**で作成された点エンティティを使用して構成部品をパターン化します。

1. ダウンロードフォルダー {■ **Chapter 10**} ＞ {■ **Component Pattern-4**} より

   アセンブリファイル {● **Sketch Driven-2**} を開きます。《● **Piece**》をパターン化します。

Sketch Driven-2.SLDASM

2. Command Manager【**アセンブリ**】タブより ▦ [**構成部品パターン（直線パターン）**] 下の ⌄ を

   ● クリックして**展開**し、▦ [**スケッチ駆動構成部品パターン**] を ● クリック。

3. Property Manager に「▦ **スケッチ駆動パターン**」を表示します。

   「**選択アイテム（S）**」の ▣ 「**参照スケッチ**」の**選択ボックスがアクティブ**です。

   《●**(固定)Base-2**》の《▣ **配置位置**》をグラフィックス領域または**フライアウトツリー**より ● クリックし

   て選択します。この **3D スケッチ**に作成されている**点エンティティにインスタンス**が配置します。

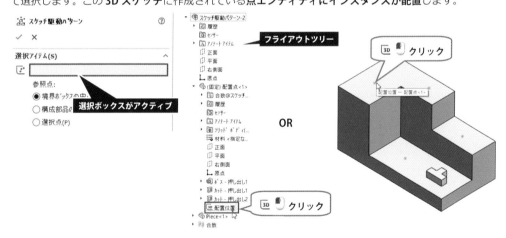

4. ● 「**パターン化する構成部品（C）**」の**選択ボックスがアクティブ**になります。

   グラフィックス領域より《● **Piece**》の ■ **任意の面**を ● クリックして選択します。

5. **シードの頂点を選択して基準点**にします。「**参照点**」オプションの「**選択点（P）**」を ◉ 選択します。

6. ▫ 「**参照頂点**」の**選択ボックスがアクティブ**になります。

グラフィックス領域より下図に示す《 🌀 **Piece**》の ✐ **エッジの中点**を 🖱 クリックして選択します。

選択ボックスがアクティブ

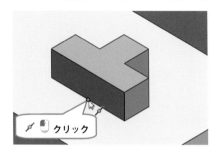

✐ 🖱 **クリック**

7. **選択したシードの頂点が基準点**になることで、**インスタンスの頂点と点エンティティが一致**します。

「**スキップするインスタンス（I）**」で**インスタンスのスキップが可能**です。

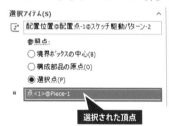

選択された頂点

インスタンスの頂点と点が一致

8. Property Manager または**確認コーナー**の ✅ [**OK**] ボタンを 🖱 クリックして確定します。

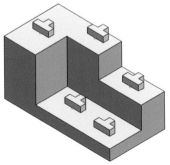

9. 💾 [**保存**] にて**上書き保存**し、❌ [**クローズボックス**] を 🖱 クリックして閉じます。

10.6 カーブ駆動構成部品パターン

[カーブ駆動構成部品パターン] は、選択したカーブに沿わせて構成部品をパターン化します。

（※SOLIDWORKS2014以降の機能です。）

10.6.1 カーブ駆動構成部品パターンの追加

構成部品内に作成された**カーブを使用して構成部品をパターン化**します。

1. ダウンロードフォルダー ｛ Chapter 10｝ > ｛ Component Pattern-5｝ より
   アセンブリファイル ｛ Curve Pattern-1｝ を開きます。《 Piece》をパターン化します。

Curve Pattern-1.SLDASM

2. Command Manager【アセンブリ】タブより [構成部品パターン（直線パターン）] 下の を
   クリックして展開し、 [カーブ駆動構成部品パターン] を クリック。

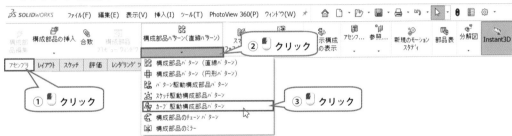

3. Property Manager に 「 カーブ駆動パターン」を表示します。
   「**方向1**」の「**パターン方向**」の選択ボックスがアクティブです。
   グラフィックス領域より《 (固定)Base-1》の スプラインを クリックして選択します。

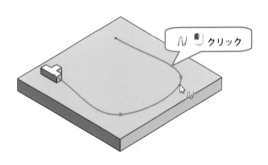

4. 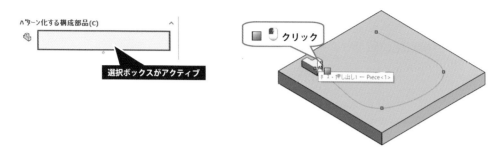 「**パターン化する構成部品（C）**」の**選択ボックスがアクティブ**になります。

グラフィックス領域より《 Piece》の ■ **任意の面**を クリックして選択します。

5. インスタンスは 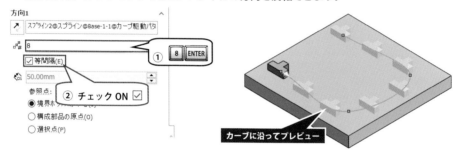「**インスタンス数**」または 「**間隔**」を指定してパターン化します。

今回は**等間隔にインスタンス数を指定**します。

「**インスタンス数**」に＜ 8 ENTER ＞と 入力し、「**等間隔（E）**」をチェック ON（☑）にします。

この設定でインスタンス（パターン化される構成部品）を**プレビュー**します。

［**反対方向**］を クリックすると、**ハンドルの方向を反転**できます。

6. 必要な場合は、「**参照点**」「**カーブ方法**」「**整列方法**」「**スキップするインスタンス（I）**」を設定します。

「**方向2**」をチェック ON（☑）にすると、**2つ目のカーブを選択**できます。

Property Manager または**確認コーナー**の ☑ ［**OK**］ボタンを クリックして確定します。

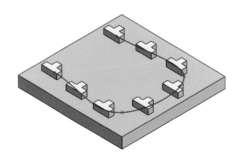

7. ［**保存**］にて**上書き保存**し、 ✕ ［**クローズボックス**］を クリックして閉じます。

👍 *POINT* カーブ方法

「**カーブ方法**」は、パターン方向で選択した**カーブをどのように使用して変化するか**を選択します。
次のいずれかを選択します。

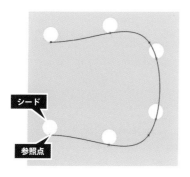

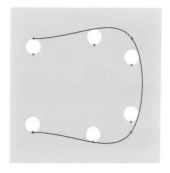

カーブ変換
参照点がカーブに一致してパターン化します。

オフセットカーブ
シードから各インスタンスをオフセットしてパターン化
します。

👍 *POINT* **カーブ駆動構成部品パターンの整列方法**

「**整列方法**」は、カーブ駆動パターンで**インスタンスの整列方法を選択**します。
次のいずれかを選択します。

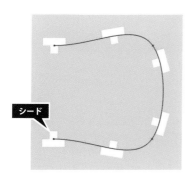

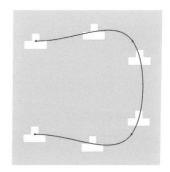

カーブに沿う
選択した**カーブに対して各インスタンスを正接して整列**
させます。

シードに平行
各インスタンスを**シードの整列状態と一致**させます。

インスタンスを**カーブに沿い、曲面に正接して**パターン化します。

1. ダウンロードフォルダー { **Chapter 10**} > { **Component Pattern-5**} より
   アセンブリファイル { **Curve Pattern-2**} を開きます。《 **Cylinder**》を**パターン化**します。

Curve Pattern-2.SLDASM

2. Command Manager【**アセンブリ**】タブより [**構成部品パターン（直線パターン）**] 下の を
    クリックして**展開**し、 [**カーブ駆動構成部品パターン**] を クリック。

3. Property Manager に「 **カーブ駆動パターン**」を表示します。
   「**方向1**」の「**パターン方向**」の選択ボックスが**アクティブ**です。
   グラフィックス領域より《 **(固定)Base-2**》の **カーブ**を クリックして選択します。

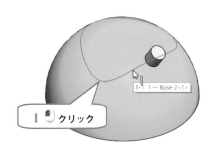

4. 「**パターン化する構成部品（C)**」の選択ボックスが**アクティブ**になります。
   グラフィックス領域より《 **Cylinder**》の **任意の面**を クリックして選択します。

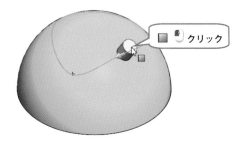

5. 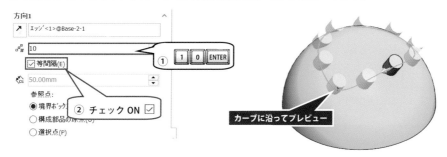 「**インスタンス数**」に<① ⓪ ENTER>と⌨入力し、「**等間隔（E）**」をチェック ON（☑）にします。

    この設定でインスタンス（パターン化される構成部品）を**プレビュー**します。

6. 「**整列方法**」オプションの「**カーブに沿う（T）**」を◉選択すると、「**面の法線**」の選択ボックスがアクティブ

    になります。グラフィックス領域より下図に示す《 🐾 **(固定)Base-2**》の ■ **球面**を 🖱 クリックして選択しま

    す。

7. インスタンスが「**面の法線**」で**選択した曲面に正接**します。

    Property Manager または**確認コーナー**の ☑ [**OK**] ボタンを 🖱 クリックして確定します。

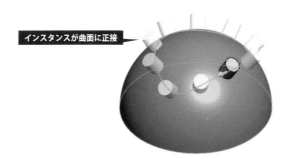

8. 💾 [**保存**] にて**上書き保存**し、✕ [**クローズボックス**] を 🖱 クリックして閉じます。

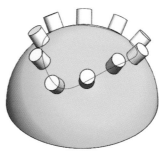

10.7 構成部品のチェーンパターン

[構成部品のチェーンパターン] は、**パスに沿ってリンク部品をパターン化**します。

チェーンやベルトといった伝動部品を配置するのに役立ちます。

（※SOLIDWORKS2015 以降の機能です。）

10.7.1 チェーンパターンのタイプ

チェーンパターンには、次の **3 つのタイプ**があります。

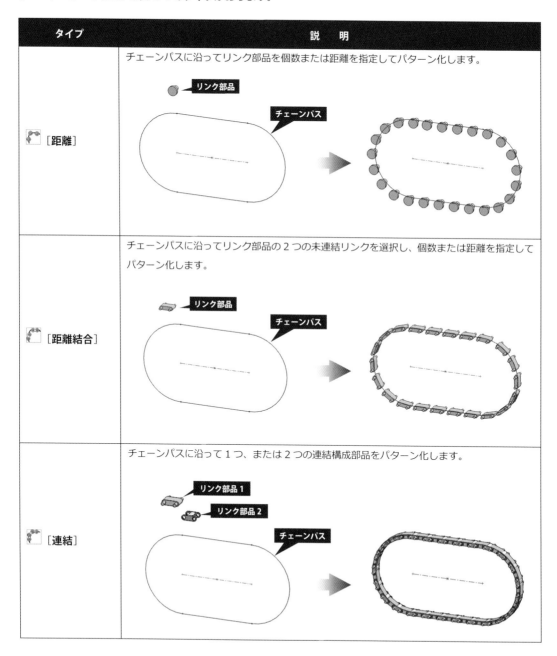

タイプ	説　明
[距離]	チェーンパスに沿ってリンク部品を個数または距離を指定してパターン化します。
[距離結合]	チェーンパスに沿ってリンク部品の 2 つの未連結リンクを選択し、個数または距離を指定してパターン化します。
[連結]	チェーンパスに沿って 1 つ、または 2 つの連結構成部品をパターン化します。

[距離] を使用して**構成部品のチェーンパターンを作成**します。

1. ダウンロードフォルダー｛ **Chapter 10**｝＞｛ **Component Pattern-6**｝より

    アセンブリファイル｛ **Chain Pattern-1**｝を開きます。《 (-)Pin》を**パターン化**します。

Chain Pattern-1.SLDASM   《 (-)Pin》

2. Command Manager【アセンブリ】タブより [構成部品パターン（直線パターン）] 下の を

    クリックして**展開**し、 [構成部品のチェーンパターン] を クリック。

3. Property Manager に「 **チェーンパターン**」を表示します。

    「**ピッチメソッド（M）**」は [距離] が選択されており、「**パス**」の**選択ボックスがアクティブ**です。

    「**チェーンパス（P）**」の SelectionManager を クリックし、グラフィックス領域より**パス図形**を

    クリックして選択します。このパス図形はスケッチの [**中心点ストレートスロット**] で作成し、

    [**フィットスプライン**] で**スプラインに変換**したものです。

    （※パス図形がスプライン化されていない場合、エンティティを個別に選択してください。）

    （※ [フィットスプライン] は、SOLIDWORKS2016 以降の機能です。）

    ポップアップ表示されるツールバーの [OK] ボタンを クリックして**確定**します。

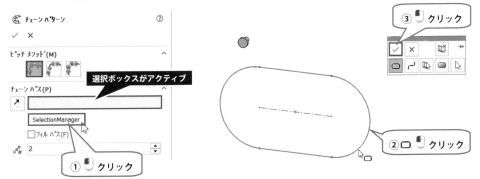

4. 「**チェーングループ 1**」の  「**パターン化する構成部品**」の選択ボックスを クリックして**アクティブ**にし、グラフィックス領域より《 (-)Pin》の ■ **任意の面**を クリックして選択します。

5. 「**チェーングループ 1**」の ◎ 「**パスリンク**」の選択ボックスが**アクティブ**になります。

グラフィックス領域より《 (-)Pin》の ■ **円筒面**、または ‖ **円エッジ**を クリックして選択します。

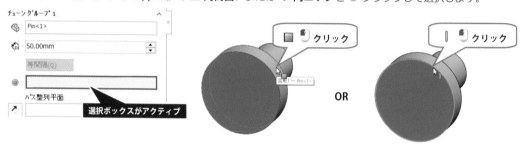

6. 「**パス整列平面**」の選択ボックスが**アクティブ**になります。

グラフィックス領域より下図に示す《 (-)Pin》の ■ **平らな面**を クリックして選択します。

選択した《 (-)Pin》の ■ **平らな面**と**パス平面が一致**し、インスタンスが**パス上にプレビュー**されます。

7. 《 (-)Pin》が**反転している場合**は ↗ [**反対方向**] を クリックして**反転**させます。

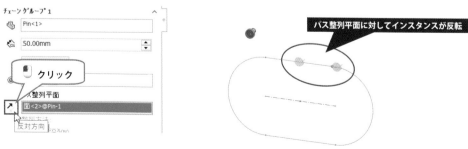

8. 「**チェーンパス（P）**」の「**フィルパス（F）**」をチェックON（☑）にすると、**インスタンス数が自動的に設定**されます。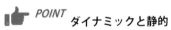「**間隔**」に< 2 0 ENTER >と⌨入力し、**プレビューを確認**します。

「**オプション（O）**」は「**ダイナミック（D）**」を◉選択します。

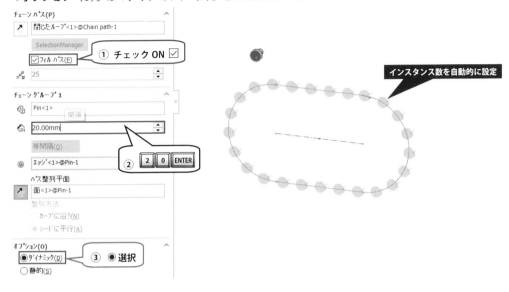

9. Property Manager または**確認コーナー**の ☑ [**OK**] ボタンを 🖱 クリックして確定します。

10. **インスタンス**を 🖱 ドラッグすると、**すべてのインスタンスがパスに沿って移動**します。

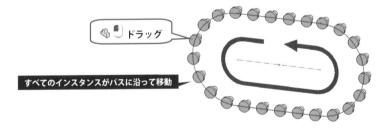

🖱 ドラッグ

すべてのインスタンスがパスに沿って移動

11. 💾 [**保存**] にて**上書き保存**し、⊠ [**クローズボックス**] を 🖱 クリックして閉じます。

👉 *POINT* **ダイナミックと静的**

> 「**ダイナミック**」は、**各インスタンスの合致を計算してパターン化**します。
>
> **チェーンを移動**するには、**任意のインスタンス**を 🖱 ドラッグします。
>
> 「**静的**」は、**各インスタンスの合致を計算せずにパターン化**します。
>
> **移動できるのはシードだけ**で、インスタンスは移動できません。
>
> 大規模なアセンブリでは、このオプションを使用するとパフォーマンスが向上します。
>
> また、「**整列方向**」オプションで**インスタンスの整列方向が選択**できます。

[距離結合] を使用して**構成部品のチェーンパターンを作成**します。

1. ダウンロードフォルダー { ■ **Chapter 10** } > { ■ **Component Pattern-6** } より
   アセンブリファイル { ◎ **Chain Pattern-2** } を開きます。《 ◎ **(-)Link-1** 》を**パターン化**します。

Chain Pattern-2.SLDASM   《 ◎ **(-)Link-1** 》

2. Command Manager 【**アセンブリ**】タブより ⊞ [**構成部品パターン（直線パターン）**] 下の ⌄ を
   🖱 クリックして**展開**し、🔲 [**構成部品のチェーンパターン**] を 🖱 クリック。

3. Property Manager に「 🔲 **チェーンパターン**」を表示します。
   「**ピッチメソッド（M）**」の 🔲 [**距離結合**] を 🖱 クリック。
   「**チェーンパス（P)**」の「**パス**」の**選択ボックスがアクティブ**になるので SelectionManager を 🖱 クリックし、
   グラフィックス領域より ▭ **パス図形**を 🖱 クリックして選択します。
   ポップアップ表示されるツールバーの ☑ [**OK**] ボタンを 🖱 クリックして**確定**します。

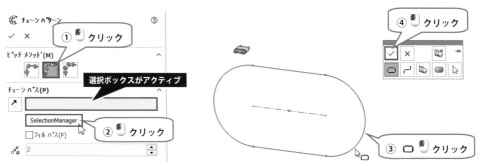

4. 「**チェーングループ 1**」の ◎「**パターン化する構成部品**」の**選択ボックス**を 🖱 クリックして**アクティブ**に
   し、グラフィックス領域より《 ◎ **(-)Link-1** 》の ■ **任意の面**を 🖱 クリックして選択します。

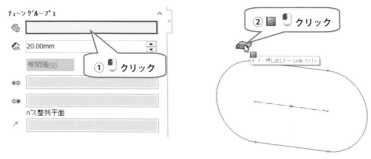

5. 「**チェーングループ 1**」の  「**パスリンク 1**」の**選択ボックスがアクティブ**になります。

　　グラフィックス領域より下図に示す《 🖐(-)Link-1》の ■ **円筒面**、または ‖ **円エッジ**を 🖱 クリックして

　　選択します。ほかに「**直線エッジ**」「**点エンティティ**」「**頂点**」「**軸**」が選択できます。

6. 「**チェーングループ 1**」の  「**パスリンク 2**」の**選択ボックスがアクティブ**になります。

　　グラフィックス領域より下図に示す《 🖐(-)Link-1》の ■ **円筒面**、または ‖ **円エッジ**を 🖱 クリックして

　　選択します。ほかに「**直線エッジ**」「**点エンティティ**」「**頂点**」「**軸**」が選択できます。

7. 「**チェーングループ 1**」の「**パス整列平面**」の**選択ボックスがアクティブ**になります。

　　フライアウトツリーより《 🖐(-)Link-1》の《 🔲**正面**》を 🖱 クリックして選択します。

　　選択した《 🖐(-)Link-1》の《 🔲**正面**》と**パス平面が一致**し、インスタンスが**パス上にプレビュー**されます。

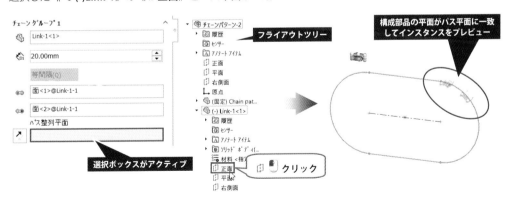

8. **インスタンス数を指定して等間隔に配置**します。

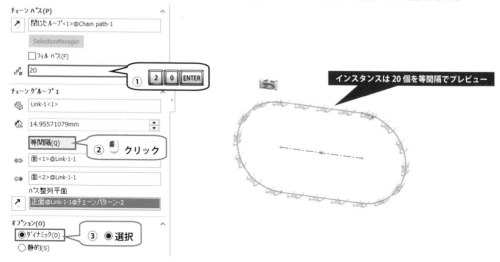

「**インスタンス数**」に<**2 0 ENTER**>と⌨入力して 等間隔(Q) を🖱クリックすると、**インスタンスは20個を等間隔でプレビュー**します。「**オプション（O）**」は「**ダイナミック（D）**」を◉選択します。

9. Property Manager または**確認コーナー**の ✓ [**OK**] ボタンを🖱クリックして確定します。

10. **インスタンス**を🖱ドラッグすると、**すべてのインスタンスがパスに沿って移動**します。

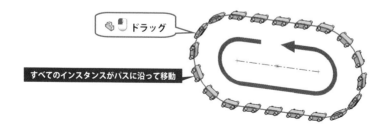

11. 💾 [**保存**] にて**上書き保存**し、✕ [**クローズボックス**] を🖱クリックして閉じます。

10.7.4 チェーンパターンの作成（連結）

[連結] を使用して**構成部品のチェーンパターンを作成**します。

1. ダウンロードフォルダー｛ **Chapter 10**｝ > ｛ **Component Pattern-6**｝より
   アセンブリファイル｛ **Chain Pattern-3**｝を開きます。
   《 **(-)Link-1**》と《 **(-)Link-2**》を**パターン化**します。

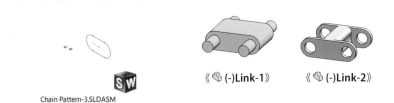

Chain Pattern-3.SLDASM　　　　　《 **(-)Link-1**》　　　《 **(-)Link-2**》

2. Command Manager【**アセンブリ**】タブより [**構成部品パターン（直線パターン）**] 下の を
   クリックして**展開**し、 [**構成部品のチェーンパターン**] を クリック。

3. Property Manager に「 **チェーンパターン**」を表示します。
   「**ピッチメソッド（M)**」の [**連結**] を クリック。
   「**チェーンパス（P)**」の「**パス**」の**選択ボックスがアクティブ**になるので SelectionManager を クリックし、
   グラフィックス領域より **パス図形**を クリックして選択します。
   ポップアップ表示されるツールバーの [**OK**] ボタンを クリックして確定します。

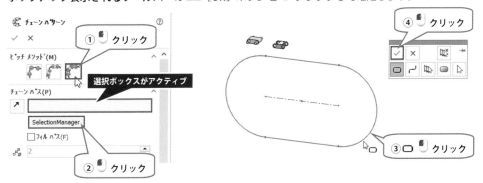

4. 「**チェーングループ 1**」の 「**パターン化する構成部品**」の**選択ボックス**を クリックして**アクティブ**に
   し、グラフィックス領域より《 **(-)Link-1**》の **任意の面**を クリックして選択します。

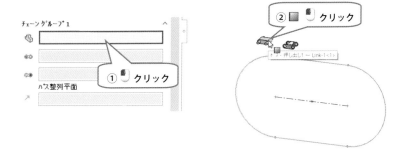

5.　「**チェーングループ1**」の  「**パスリンク1**」の**選択ボックスがアクティブ**になります。

　　グラフィックス領域より《 (-)**Link-1**》の ■ **円筒面**、または ‖ **円エッジ**を クリックして選択します。

6.　「**チェーングループ1**」の  「**パスリンク2**」の**選択ボックスがアクティブ**になります。

　　グラフィックス領域より《 (-)**Link-1**》の ■ **円筒面**、または ‖ **円エッジ**を クリックして選択します。

7.　「**チェーングループ1**」の「**パス整列平面**」の**選択ボックスがアクティブ**になります。

　　フライアウトツリーより《 (-)**Link-1**》の《 **正面**》を クリックして選択します。

　　選択した《 (-)**Link-1**》の《 **正面**》が**パス平面が一致**し、インスタンスが**パス上にプレビュー**されます。

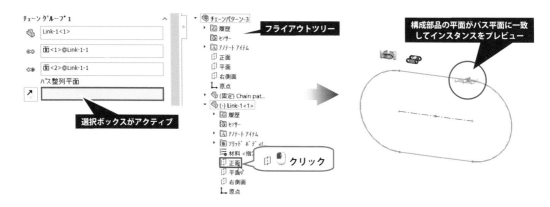

8.　「**チェーングループ2**」をチェックON（☑）にすると、 「**パターン化する構成部品**」の選択ボックスが**アクティブ**になります。グラフィックス領域より《 (-)**Link-2**》の ■ **任意の面**を クリックして選択します。

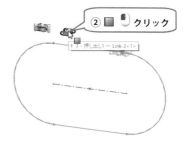

9. 「**チェーングループ 2**」の  「**パスリンク 1**」の**選択ボックスがアクティブ**になります。

グラフィックス領域より《 (-)Link-2》の ■ **円筒面**、または 〡 **円エッジ**を クリックして選択します。

10. 「**チェーングループ 2**」の 「**パスリンク 2**」の**選択ボックスがアクティブ**になります。

グラフィックス領域より《 (-)Link-2》の ■ **円筒面**、または 〡 **円エッジ**を クリックして選択します。

11. 「**チェーングループ 2**」の「**パス整列平面**」の**選択ボックスがアクティブ**になります。

フライアウトツリーより《 (-)Link-2》の《 **正面**》を クリックして選択します。

選択した《 (-)Link-2》の《 **正面**》と**パス平面が一致**し、インスタンスが**パス上にプレビュー**されます。

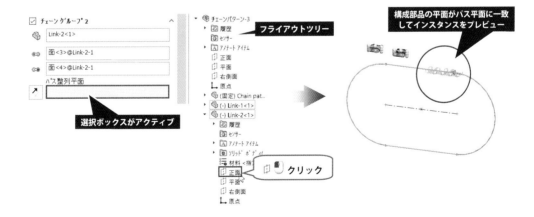

12. **パス長は 500mm、リンク間の距離が 20mm** なので**インスタンス数は 25** です。

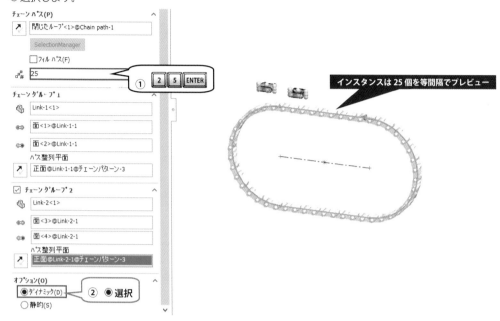

「**インスタンス数**」に <`2` `5` `ENTER`> と ⌨ 入力し、「**オプション（O)**」は「**ダイナミック（D)**」を
◉ 選択します。

13. Property Manager または**確認コーナー**の ☑ [**OK**] ボタンを 🖱 クリックして確定します。

14. **インスタンス**を 🖱 ドラッグすると、**すべてのインスタンスがパスに沿って移動**します。

15. 💾 [**保存**] にて**上書き保存**し、☒ [**クローズボックス**] を 🖱 クリックして閉じます。

10.8 構成部品のミラー

[構成部品のミラー]は、構成部品をミラーコピーして新しい構成部品を追加します。

10.8.1 構成部品のミラーコピー

構成部品を選択した平面を対称面とし、**ミラーコピー**します。

1. ダウンロードフォルダー { **Chapter 10**} > { **Component Pattern-7**} より

   アセンブリファイル { **Mirror Components-1**} を開きます。《 **Piece**》を**ミラーコピー**します。

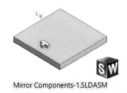

Mirror Components-1.SLDASM

2. Command Manager【アセンブリ】タブより [構成部品パターン（直線パターン）] 下の ・ を

    クリックして**展開**し、 [構成部品のミラー] を クリック。

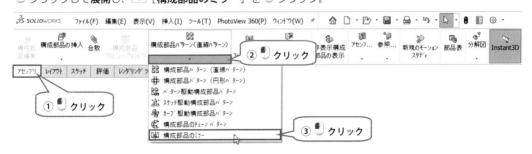

3. Property Manager に「 **構成部品のミラー**」を表示します。

   「**選択アイテム（S）**」の「**ミラー平面（M）**」の**選択ボックスがアクティブ**です。

   グラフィックス領域より**アセンブリ**の《 **正面**》を クリックして選択します。

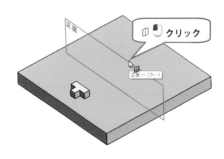

4. 「**ミラーコピーする構成部品（C）**」の**選択ボックスがアクティブ**になります。

グラフィックス領域より《 🐚 **Piece**》の ◼ **任意の面**を 🖱 クリックして選択します。

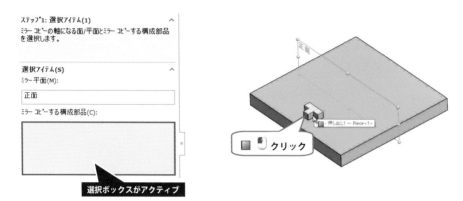

5. ⏩ [**次へ**] を 🖱 クリックすると、**ミラーしたインスタンスをプレビュー**します。

Property Manager または**確認コーナー**の ☑ [**OK**] ボタンを 🖱 クリックして確定します。

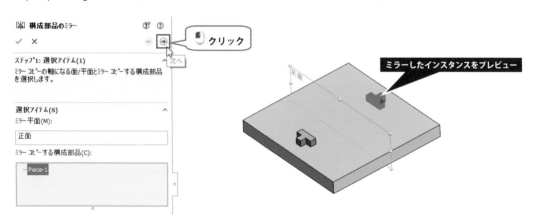

6. 💾 [**保存**] にて**上書き保存**し、☒ [**クローズボックス**] を 🖱 クリックして閉じます。

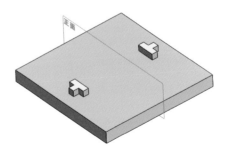

10.8.2 *反対側バージョンの作成*

構成部品を選択した平面を対称面とし、**反対側バージョン（ミラー形状）の構成部品を新規作成**します。

1. ダウンロードフォルダー {📁 **Chapter 10**} > {📁 **Component Pattern-7**} より

   アセンブリファイル {🗇 **Mirror Components-2**} を開きます。

   《🗇 **Triangle piece**》をミラーして新しい構成部品を作成します。

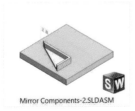

Mirror Components-2.SLDASM

2. Command Manager【アセンブリ】タブより 🔡 ［構成部品パターン（直線パターン）］下の ˙ を

   🖱 クリックして**展開**し、🔡 ［**構成部品のミラー**］を 🖱 クリック。

3. Property Manager に「🔡 **構成部品のミラー**」を表示します。

   「**選択アイテム（S）**」の「**ミラー平面（M）**」の**選択ボックスがアクティブ**です。

   グラフィックス領域より**アセンブリ**の《🗇 **正面**》を 🖱 クリックして選択します。

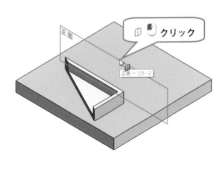

4. 「**ミラーコピーする構成部品（C）**」の**選択ボックスがアクティブ**になります。

   グラフィックス領域より《🗇 **Triangle piece**》の ■ **任意の面**を 🖱 クリックして選択します。

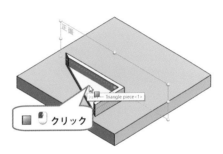

5. 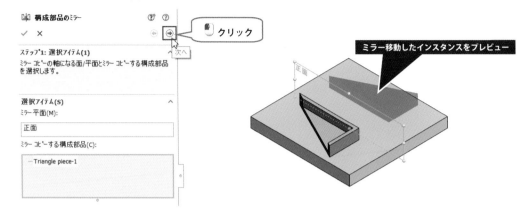 [次へ] を 🖱 クリックすると、**ミラー移動したインスタンスをプレビュー**します。

この時点ではミラーした形状ではありません。

6. 「**ステップ 2：表示方向設定（2）**」では、**構成部品の表示方向を設定**します。

「**構成部品の表示方向を指定（O）**」の 🔧 [**反対側バージョンを作成**] を 🖱 クリックすると、

選択した《 🍥 **Triangle piece**》のミラーバージョンをプレビューします。

Property Manager または**確認コーナー**の ✅ [**OK**] ボタンを 🖱 クリックして確定します。

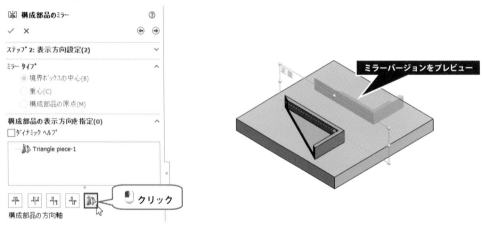

7. 🖫 [**保存**] にて**上書き保存**し、❌ [**クローズボックス**] を 🖱 クリックして閉じます。

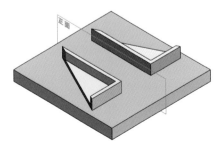

POINT ミラータイプ

「**ステップ 2：表示方向設定（2）**」の「**ミラータイプ**」では、**回転軸の選択方法**を下表の **3 つのタイプ**から選択します。

タイプ	説　明
境界ボックスの中心	構成部品の境界ボックスの中心が、「**ミラー平面（M）**」で選択した平面を基準にミラーして配置します。非対称構成部品には、このオプションを使用します。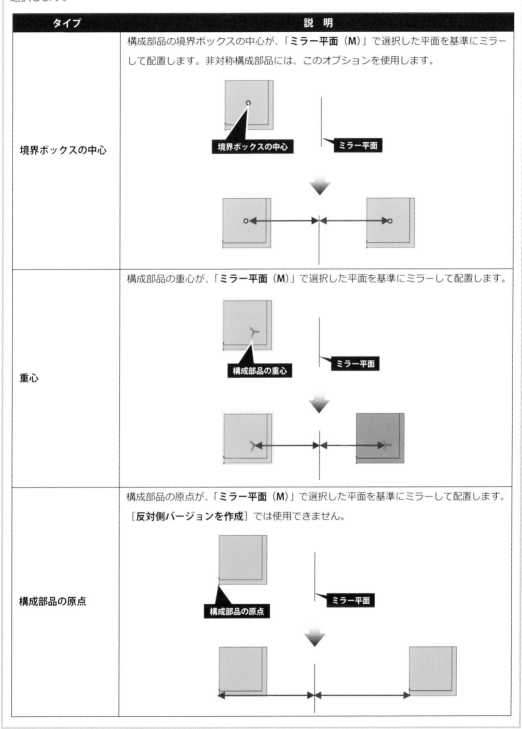
重心	構成部品の重心が、「**ミラー平面（M）**」で選択した平面を基準にミラーして配置します。
構成部品の原点	構成部品の原点が、「**ミラー平面（M）**」で選択した平面を基準にミラーして配置します。[**反対側バージョンを作成**] では使用できません。

POINT 構成部品の表示方向を指定

「ステップ 2：表示方向設定（2）」の「構成部品の表示方向を指定（O）」には、下表のタイプがあります。「ダイナミックヘルプ」をチェック ON（☑）し、**アイコンに** 🔖 カーソルを合わせると詳細なヘルプを表示します。（※SOLIDWORKS2020 以降の機能です。）

タイプ	説　明
⊹ [X ミラー、Y ミラー]	平面を中心に X 軸と Y 軸をミラーします。
⊹ [X ミラーおよび反転、Y ミラー]	X 軸方向が反転した平面を中心に、X 軸と Y 軸をミラーします。
⊹ [X ミラー、Y ミラーおよび反転]	Y 軸方向が反転した平面を中心に、X 軸と Y 軸をミラーします。
⊹ [X ミラーおよび反転、Y ミラーおよび反転]	X 軸と Y 軸の方向が反転した平面を中心に、X 軸と Y 軸をミラーします。
🔄 [反対側バージョンを作成]	既存の構成部品のミラーイメージである新しい構成部品を作成します。

176 Chapter10 **構成部品のパターン化**

👍 *POINT* 構成部品の方向軸

「**ステップ2：表示方向設定（2）**」の「**構成部品の方向軸**」は、下表のタイプから選択します。

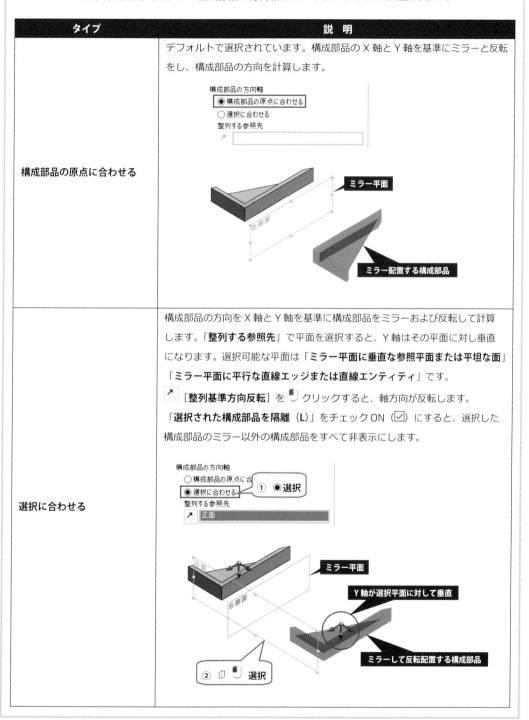

タイプ	説　明
構成部品の原点に合わせる	デフォルトで選択されています。構成部品のX軸とY軸を基準にミラーと反転をし、構成部品の方向を計算します。
選択に合わせる	構成部品の方向をX軸とY軸を基準に構成部品をミラーおよび反転して計算します。「**整列する参照先**」で平面を選択すると、Y軸はその平面に対し垂直になります。選択可能な平面は「**ミラー平面に垂直な参照平面または平坦な面**」「**ミラー平面に平行な直線エッジまたは直線エンティティ**」です。[整列基準方向反転] を 🖱 クリックすると、軸方向が反転します。「**選択された構成部品を隔離（L)**」をチェックON（☑）にすると、選択した構成部品のミラー以外の構成部品をすべて非表示にします。

POINT 反対側バージョンのコンフィギュレーションを作成

「**ステップ3：反対側（3）**」の「**既存ファイルで新しい駆動コンフィギュレーションを作成（C)**」は、
反対側バージョンを**既存の構成部品内の新規参照コンフィギュレーションとして保存**します。

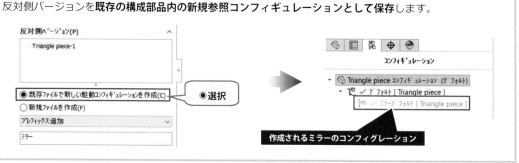

 POINT 反対側バージョンの新規ファイルを作成

「**ステップ3：反対側（3）**」の「**新規ファイルを作成（F)**」は、**反対側バージョンを新しい構成部品ファイル
として保存**できます。次の手順で操作します。

1. 「**ステップ3：反対側（3）**」の「**新規ファイルを作成（F)**」を◉選択します。

    ファイルはシード構成部品ファイルと同じフォルダーに保存されますが、指定することもできます。

    「**ファイルを1つのフォルダに配置（L)**」をチェックON（☑）にし、 選択...(H) を 🖱 クリック。

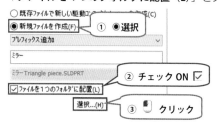

2. 『**フォルダーの選択**』ダイアログが表示されます。

    保存フォルダーを選択し、 フォルダーの選択 を 🖱 クリック。

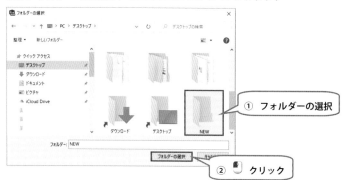

3. ☑ [**OK**] ボタンを 🖱 クリックして確定すると、**選択したフォルダーに反対側バージョンの部品ファイル
    が保存**されます。

POINT 命名規則

「**ステップ3：反対側 (3)**」では、反対側バージョンの**新規ファイルの命名規則を設定**します。
[**プレフィックス追加**][**サフィックス追加**][**ユーザー定義**]のいずれかを選択します。

[**プレフィックス追加**]を選択した場合、**既存名の前に指定した文字を追加**します。

入力ボックスに**任意の文字**を⌨入力します。デフォルトは＜ミラー＞です。

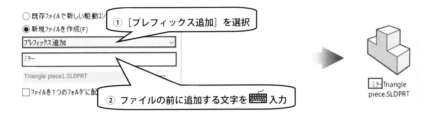

[**サフィックス追加**]を選択した場合、**既存名の後に指定した文字を追加**します。

入力ボックスに**任意の文字**を⌨入力します。デフォルトは＜ミラー＞です。

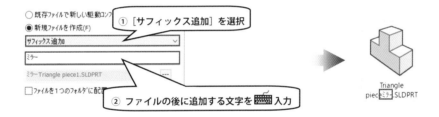

[**ユーザー定義**]を選択した場合、**指定テキストを新しい名前として使用**します。

2つ目の入力ボックスに**ファイル名**を⌨入力します。

POINT 反対側バージョンのファイルを既存のファイルに置き換え

反対側バージョンのファイルを既存のファイルに置き換える**には、以下の手順で操作します。

1. 「**ステップ3：反対側（3）**」の「**新規ファイルを作成（F）**」を◉選択して █ を 🖱 クリック。

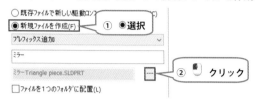

2. 『**ファイルの選択**』ダイアログが表示されるので、**上書きするファイルを選択**して █選択█ を 🖱 クリック。**メッセージボックスが表示**されるので █はい(Y)█ を 🖱 クリック。

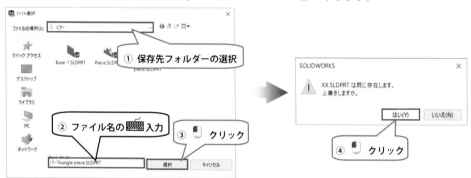

3. ☑ [**OK**] ボタンを 🖱 クリックして確定すると、**既存のファイルが反対側バージョンのファイルに置き換わ**ります。

Chapter11

練習問題

アセンブリモデリングの**練習問題**です。
ダウンロードした CAD データを使用してアセンブリモデルを作成してください。

テーブル

折りたたみ式の椅子

キックバイク

バギー

11.1 テーブル

既存の構成部品を使用し、**テーブルのアセンブリモデルを作成**してください。

ダウンロードフォルダー {　**Chapter 11**} ＞ {　**Exercise-1**} に構成部品として使用するファイルがあります。

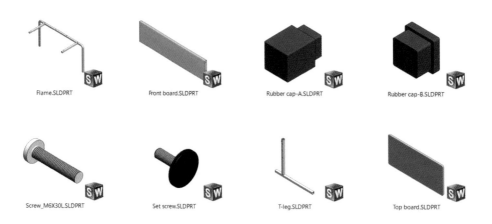

Flame.SLDPRT

Front board.SLDPRT

Rubber cap-A.SLDPRT

Rubber cap-B.SLDPRT

Screw_M6X30L.SLDPRT

Set screw.SLDPRT

T-leg.SLDPRT

Top board.SLDPRT

アセンブリ構成や合致などは、{ 📁 **Chapter 11**} ＞ { 📁 **Exercise-1**} ＞ { 📁 **FIX**} にある《 🧊 **Table**》を開いて
確認してください。必要があればサブアセンブリを作成し、構成部品として使用してください。

Table.SLDASM

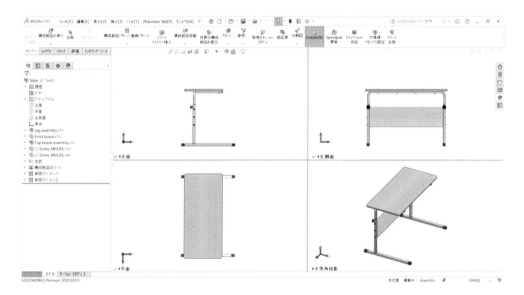

テーブルの**天板は上下に動くので高さを調整**できます。

同じ構成部品を複数配置する場合は、できるかぎり**構成部品のパターン化を使用**してください。

分解図は、コンフィギュレーションとして作成してあります。

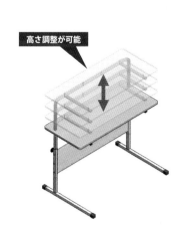

高さ調整が可能

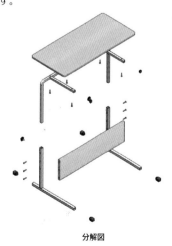

分解図

参照 Chapter10 構成部品のパターン化 (P127)

参照 アセンブリ入門　4.2 分解図 (P90)

11.2 **キックバイク**

既存の構成部品を使用し、**キックバイクのアセンブリモデルを作成**してください。

ダウンロードフォルダー {📁 **Chapter 11**} ＞ {📁 **Exercise-2**} に構成部品として使用するファイルがあります。

Bag nut_M10.SLDPRT   Front frame.SLDPRT   Handle grip.SLDPRT   Handle.SLDPRT

Main frame.SLDPRT   Saddle.SLDPRT   Screw_M6X16L.SLDPRT   Screw_M10X80L.SLDPRT

Set screw.SLDPRT   Tire.SLDPRT   Wheel.SLDPRT

アセンブリ構成や合致などは、{ 📁 Chapter 11} > { 📁 Exercise-2} > { 📁 FIX} にある《🌐Kick bike》を開いて確認してください。必要があればサブアセンブリを作成し、構成部品として使用してください。

Kick bike.SLDASM

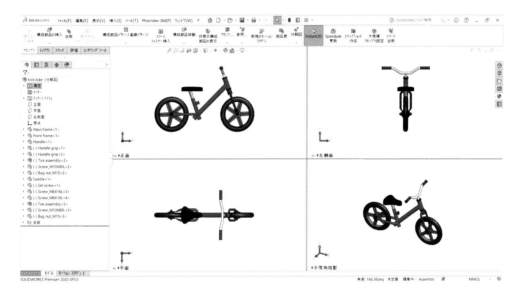

ハンドルは 360 度回転します。

タイヤとホイールは 🔒 [**ロック**] により**固定**され、🔧 [**ギア**] により**前輪と後輪は同期して回転**します。

分解図、はコンフィギュレーションとして作成してあります。

ハンドルが 360 度回転

分解図

参照 7.7 ロック合致 (P58)

参照 9.5 ギア合致 (P114)

参照 アセンブリ入門　4.2 分解図 (P90)

11.3 折りたたみ式の椅子

既存の構成部品を使用し、**折りたたみ式の椅子のアセンブリモデルを作成**してください。

ダウンロードフォルダー｛ 📘 **Chapter 11**｝＞｛ 📘 **Exercise-3**｝に構成部品として使用するファイルがあります。
｛ 🧩 **Leg-A**｝と｛ 🧩 **Leg-B**｝には、複数のコンフィギュレーションがあります。

アセンブリ構成や合致などは、{ 📁 **Chapter 11**} > { 📁 **Exercise-3**} > { 📁 **FIX**} にある《🗄 **Chair**》を開いて
確認してください。必要があればサブアセンブリを作成し、構成部品として使用してください。

Chair.SLDASM

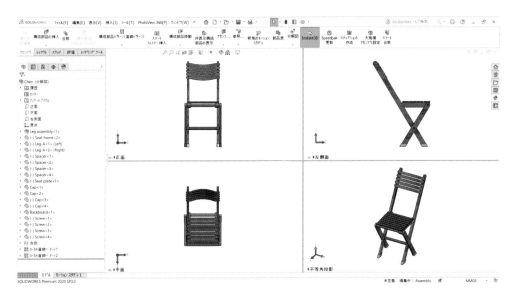

この椅子は**折りたたみが可能**で、**可動範囲**は 🖉 [**スロット**] により**制限**されます。

同じ構成部品を複数配置する場合は、できるかぎり**構成部品のパターン化を使用**してください。

分解図は、コンフィギュレーションとして作成してあります。

折りたたみが可能

分解図

参照 ▶ 9.3 スロット合致 (P106)

参照 ▶ Chapter10 構成部品のパターン化 (P127)

参照 ▶ アセンブリ入門　4.2 分解図 (P90)

11.4 バギー

既存の構成部品を使用し、**バギーのアセンブリモデルを作成**してください。

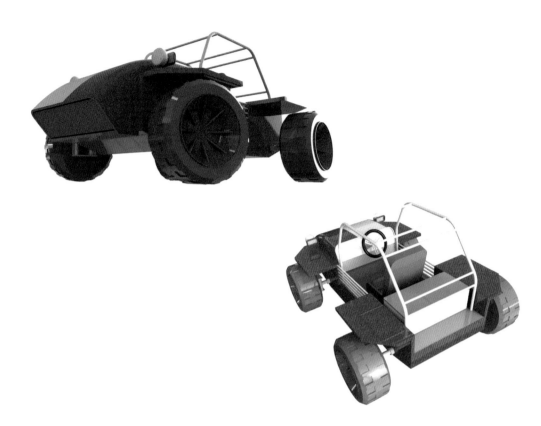

ダウンロードフォルダー〔 **Chapter 11**〕＞〔 **Exercise-4**〕に構成部品として使用するファイルがあります。

アセンブリ構成や合致などは、{ ▌ **Chapter 11**} > { ▌ **Exercise-4**} > { ▌ **FIX**} にある《 🚗 **Buggy car**》を開いて確認してください。必要があればサブアセンブリを作成し、構成部品として使用してください。

Buggy car.SLDASM

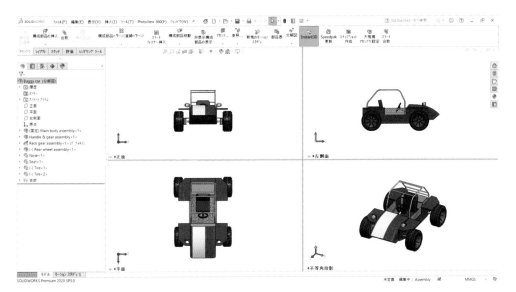

ハンドルを切ると 🖳 ［ラックピニオン］により**前輪が左右に動きます**。

タイヤとホイールは 🔒 ［ロック］により**固定され**、 ⚙ ［ギア］により**前後左右で同期して回転**します。

分解図は、コンフィギュレーションとして作成してあります。

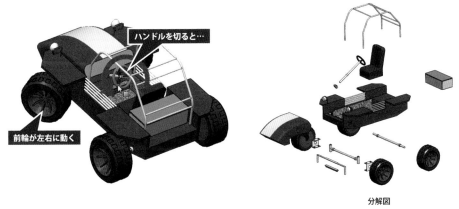

ハンドルを切ると…

前輪が左右に動く

分解図

参照 9.5 ギア合致 (P114)

参照 9.6 ラックピニオン合致 (P118)

参照 アセンブリ入門　4.2 分解図 (P90)

ゼロからはじめる **SOLIDWORKS**

Series2 アセンブリモデリング STEP2

NEXT

索 引

©オズクリエイション　2021

ゼロからはじめるSOLIDWORKS Series 2
アセンブリモデリングSTEP1

2021年 4月21日　第1版第1刷発行

編　者　株　式　会　社
　　　　オズクリエイション
発行者　田　　中　　聡

発　行　所
株式会社 電 気 書 院
ホームページ　www.denkishoin.co.jp
（振替口座　00190-5-18837）
〒101-0051　東京都千代田区神田神保町1-3 ミヤタビル2F
電話(03)5259-9160／FAX(03)5259-9162

印刷　株式会社シナノパブリッシングプレス
Printed in Japan／ISBN978-4-485-30305-4

• 落丁・乱丁の際は，送料弊社負担にてお取り替えいたします．

JCOPY 〈出版者著作権管理機構 委託出版物〉
本書の無断複写（電子化含む）は著作権法上での例外を除き禁じられています．
複写される場合は，そのつど事前に，出版者著作権管理機構（電話03-5244-
5088，FAX 03-5244-5089，e-mail：info@jcopy.or.jp）の許諾を得てください．
また本書を代行業者等の第三者に依頼してスキャンやデジタル化することは，
たとえ個人や家庭内での利用であっても一切認められません．